工业和信息化精品系列教材

黑马程序员 ◉ 编著

jQuery
前端开发
任务驱动教程

人民邮电出版社

北 京

图书在版编目（CIP）数据

jQuery 前端开发任务驱动教程 / 黑马程序员编著.
北京 ：人民邮电出版社，2025. -- （工业和信息化精品
系列教材）. -- ISBN 978-7-115-64764-1

Ⅰ. TP312.8

中国国家版本馆 CIP 数据核字第 2024ND3333 号

内 容 提 要

本书是一本讲授 Web 前端开发的教材，以任务驱动式的编写体例和通俗易懂的语言，详细讲解
jQuery 的基础知识。

本书共 10 章。第 1 章讲解 jQuery 的基础知识；第 2 章讲解 jQuery 实现多样化菜单；第 3 章和第
4 章讲解 jQuery 实现页面交互；第 5 章讲解 jQuery 实现动画效果；第 6 章讲解 jQuery 实现图像效果；
第 7 章讲解 jQuery 操作表单；第 8 章讲解 jQuery 操作 Ajax；第 9 章讲解 jQuery Mobile 移动页面开发；
第 10 章讲解项目实战——在线商城，帮助读者将所学知识运用到实际项目开发中。

本书配套丰富的教学资源，包括教学 PPT、教学大纲、教学设计、源代码、课后习题及答案等。
为了帮助读者更好地学习本书内容，本书编者团队还提供在线答疑服务，希望帮助更多的读者。

本书适合作为高等教育本、专科院校计算机相关专业的教材，也可作为广大计算机编程爱好者的
自学参考书。

◆ 编　著　黑马程序员
　　责任编辑　范博涛
　　责任印制　王　郁　焦志炜

◆ 人民邮电出版社出版发行　　北京市丰台区成寿寺路 11 号
　　邮编　100164　电子邮件　315@ptpress.com.cn
　　网址　https://www.ptpress.com.cn
　　三河市君旺印务有限公司印刷

◆ 开本：787×1092　1/16
　　印张：14.25　　　　　　　　　2025 年 1 月第 1 版
　　字数：294 千字　　　　　　　2025 年 1 月河北第 1 次印刷

定价：49.80 元

读者服务热线：**(010)81055256**　印装质量热线：**(010)81055316**
反盗版热线：**(010)81055315**
广告经营许可证：京东市监广登字 20170147 号

前 言

在编写本书的过程中，编者按照党的二十大精神进教材、进课堂、进头脑的要求，将知识教育与思想政治教育相结合，通过案例讲解帮助读者加深对知识的认识与理解，注重培养读者的创新精神、实践能力和社会责任感。案例设计从现实需求出发，能够提高读者的学习兴趣和动手能力，增强读者的学习信心。本书在知识点和案例中融入了素质教育的相关内容，引导读者树立正确的世界观、人生观和价值观，进一步提升读者的职业素养，落实德才兼备的高素质卓越工程师和高技能人才的培养要求。此外，编者依据书中的内容提供了线上学习资源，体现现代信息技术与教育教学的深度融合，进一步推动教育数字化发展。

随着互联网行业的不断发展和用户对网页交互的要求越来越高，前端开发的重要性日益凸显。在这个背景下，jQuery 作为一个功能强大且流行的 JavaScript 库，成为许多开发者必须掌握的工具之一。它提供了丰富的 API，使开发者能够更轻松地操作 HTML 文档、处理事件、执行动画、发送 Ajax 请求等，为开发工作带来了很多便利。

为什么要学习本书

本书适合具有 HTML5、CSS3 和 JavaScript 基础的学习者，重点讲解 jQuery 在网页制作过程中的功能和使用方式。

本书针对 jQuery 技术进行深入分析，采用任务驱动式的编写体例将整本书的知识串联起来，让读者先清楚地知道每个知识点的应用场景，然后学习相关知识，最后进行实操训练。此外，依据实际工作中的要求，本书还加入了项目实战"在线商城"，帮助读者开阔视野，掌握实际开发中可能遇到的各种问题的解决方案，培养读者解决实际问题的能力。

如何使用本书

本书共 10 章，下面分别对各章进行简要的介绍。

● 第 1 章为初识 jQuery，内容包括什么是 jQuery、Visual Studio Code 编辑器、jQuery 的主要功能、$()函数、jQuery 对象、选择器、on()方法、鼠标事件和 css()方法等。通过本章的学习，读者能够初步掌握 jQuery 的使用方法。

● 第 2 章主要讲解 jQuery 实现多样化菜单，内容包括显示和隐藏元素的方法、查找元素的方法、获取元素索引、根据索引取出元素和停止动画的方法等。通过本章的学习，读者能够掌握如何使用 jQuery 开发多样化的菜单。

● 第 3 章和第 4 章主要讲解 jQuery 实现页面交互，内容包括元素 class 属性操作、元素过滤操作、浏览器事件、元素位置操作、fadeTo()方法、元素内容操作、元素追加操作、自定义动画、元素删除操作和元素属性操作等。通过本章的学习，读者能够灵活运用 jQuery 技术实现丰富的页面交互效果。

- 第 5 章主要讲解 jQuery 实现动画效果，内容包括淡入和淡出元素的方法、上滑和下滑元素的方法和操作元素尺寸的方法等。通过本章的学习，读者能够灵活运用 jQuery 技术实现丰富的动画效果。

- 第 6 章主要讲解 jQuery 实现图像效果，内容包括 removeAttr()方法、nextAll()方法、prevAll()方法和鼠标指针的位置坐标等。通过本章的学习，读者能够根据实际需求使用 jQuery 实现各种图像效果。

- 第 7 章主要讲解 jQuery 操作表单，内容包括表单提交事件、序列化表单数据、焦点事件、改变事件、键盘事件和表单选择器等。通过本章的学习，读者能够根据实际开发需求灵活运用 jQuery 技术操作表单。

- 第 8 章主要讲解 jQuery 操作 Ajax，内容包括什么是 Ajax、Ajax 方法、XML 数据格式、JSON 数据格式和事件委派等。通过本章的学习，读者能够掌握使用 Ajax 与服务器进行数据交互的技巧，并能够运用这些技巧实现各种需求。

- 第 9 章主要讲解 jQuery Mobile 移动页面开发，内容包括下载 jQuery Mobile、引入 jQuery Mobile、导航栏组件、列表视图组件、选择菜单组件和初始化选择菜单等。通过本章的学习，读者能够根据实际开发需求灵活运用 jQuery Mobile 技术进行移动页面的开发。

- 第 10 章主要讲解项目实战——在线商城，本项目基于 jQuery 进行开发，实战性强，帮助读者综合运用前面所学的知识。

在学习过程中，读者一定要亲自动手实践书中的案例。读者学习完一个知识点后，要及时进行测试练习，以巩固学习成果。如果在实践的过程中遇到问题，编者建议读者多思考，厘清思路，认真分析问题产生的原因，并在问题解决后总结经验。

致谢

本书的编写和整理工作由江苏传智播客教育科技股份有限公司完成。全体编写人员在编写过程中付出了辛勤的汗水，此外，还有很多人员参与了本书的试读工作并给出了宝贵的建议，在此向大家表示由衷的感谢。

意见反馈

尽管编者付出了很大的努力，但书中难免会有不足之处，欢迎读者提出宝贵意见。读者在阅读本书时，如发现任何问题，可以通过电子邮件（itcast_book@vip.sina.com）与编者联系。

黑马程序员
2024 年 11 月于北京

目 录

第 1 章

初识jQuery

知识目标	● 了解什么是 jQuery，能够描述 jQuery 的特点 ● 掌握 Visual Studio Code 编辑器的下载和安装方法，能够独立完成 Visual Studio Code 编辑器的下载和安装 ● 熟悉 jQuery 的主要功能，能够归纳 jQuery 的主要功能 ● 掌握$()函数的使用方法，能够灵活运用$()函数创建 jQuery 对象 ● 掌握 jQuery 对象的使用方法，能够取出 jQuery 对象中的元素 ● 掌握选择器的使用方法，能够灵活应用选择器获取元素 ● 掌握 on()方法的使用方法，能够使用 on()方法实现事件的注册 ● 掌握鼠标事件，能够注册鼠标事件 ● 掌握 css()方法的使用方法，能够使用 css()方法获取或设置元素样式
技能目标	● 掌握 jQuery 的下载和引入，能够独立完成 jQuery 的下载和引入 ● 掌握 jQuery 的简单使用，能够使用 jQuery 实现单击按钮改变诗句文本颜色的效果

jQuery 提供了丰富的方法，使用这些方法可以简化 JavaScript 中常见的操作，如元素操作、事件操作、动画操作等。使用 jQuery 可以快速地实现网页和 Web 应用程序中的 JavaScript 交互效果，减少冗余代码，解决浏览器兼容问题。本章将对下载和引入 jQuery 以及 jQuery 的简单使用进行讲解。

任务 1.1　下载和引入 jQuery

任务需求

在某科技公司的网页开发中，为了确保跨浏览器兼容性，并提高开发效率、简化 DOM 操作，该科技公司的前端开发实习生小洋需要使用 jQuery 进行开发。在正式开发网页之前，小洋需要先从 jQuery 官方网站下载 jQuery，并将其引入项目。

本任务将基于上述需求实现 jQuery 的下载和引入。

知识储备

1. 什么是 jQuery

jQuery 是一个简洁、开源、轻量级的 JavaScript 库，它的设计宗旨是 "write less, do more"（使用更少的代码，做更多的事情）。

jQuery 具有以下 6 个特点。

① 代码可读性强。

② 语法简洁易懂，文档丰富。

③ 支持 CSS1～CSS3 定义的属性和选择器。

④ 支持事件、样式、动画和 Ajax 操作。

⑤ 支持多种浏览器，包括 IE、Firefox 和 Chrome 等。

⑥ 可扩展性强，插件丰富，可以通过插件扩展更多功能。

截至本书编写时，jQuery 有 3 个系列，分别是 jQuery 1.x、jQuery 2.x 和 jQuery 3.x。它们的区别在于，jQuery 1.x 系列的版本兼容早期浏览器；jQuery 2.x 系列的版本不兼容 IE 6～IE 8 浏览器，更加轻量化；jQuery 3.x 系列的版本不兼容 IE 6～IE 8 浏览器，增加了一些新方法，并对一些方法进行了优化和改进。由于 jQuery 1.x 和 jQuery 2.x 系列已经停止更新，所以本书使用 jQuery 3.x 系列进行讲解。

学习并掌握 jQuery 的使用方法和技巧，可以提高 Web 开发效率，实现更加丰富、动态、友好的用户交互效果。在学习 jQuery 的过程中，我们需要不断地积累理论知识，并将理论知识和实践相结合，这样才能提高自身的学习能力和实践能力。

2. Visual Studio Code 编辑器

"工欲善其事，必先利其器。"一款优秀的编辑器能够极大地提高程序的开发效率。常见的编辑器有 Visual Studio Code、Sublime Text、HBuilder 等。本书基于 Visual Studio Code 编辑器进行讲解。

Visual Studio Code（简称 VS Code）是由微软（Microsoft）公司推出的一款免费、开源的代码编辑器，一经推出便受到开发者的欢迎。对 Web 前端开发人员来说，一个强大的编辑器可以使开发变得简单、便捷、高效。

VS Code 编辑器具有如下特点。

① 轻巧、极速，占用系统资源较少。

② 具备代码智能补全、语法高亮显示、自定义快捷键和代码匹配等功能。

③ 跨平台，可用于 macOS、Windows 和 Linux 操作系统。

④ 主题界面的设计比较人性化。例如，可以快速查找文件、分屏显示代码、自定义主题颜色、快速查看最近打开的项目文件以及查看项目文件结构等。

⑤ 提供丰富的扩展，用户可根据需要自行下载和安装扩展。

⑥ 支持多种语言和文件格式，如 HTML、JSON、TypeScript、JavaScript、CSS 等。

接下来讲解如何下载和安装 VS Code 编辑器、如何安装中文语言扩展、如何安装 Live Server 扩展，以及 VS Code 编辑器的简单使用。

（1）下载和安装 VS Code 编辑器

打开浏览器并访问 VS Code 编辑器的官方网站，如图 1-1 所示。

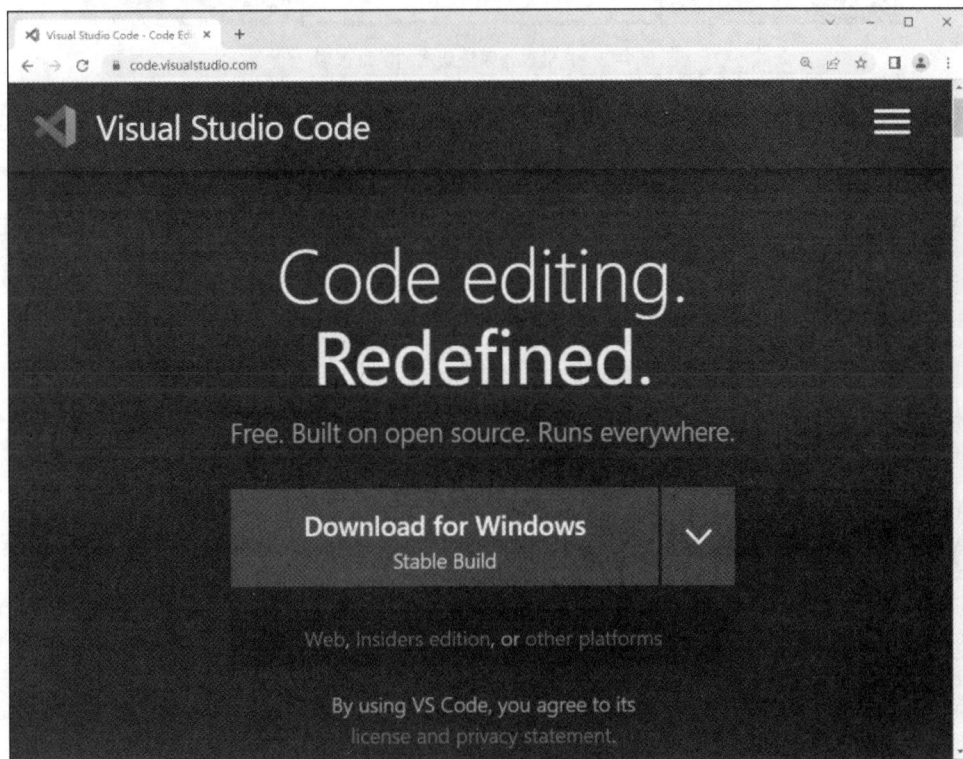

图1-1　VS Code编辑器的官方网站

在图 1-1 所示的页面中，单击"Download for Windows"按钮可以下载适用于 Windows 操作系统的 VS Code 安装包。如果需要下载适用于其他操作系统的 VS Code 安装包，单击 ⌄ 按钮，即可看到其他操作系统版本的下载选项，如图 1-2 所示。

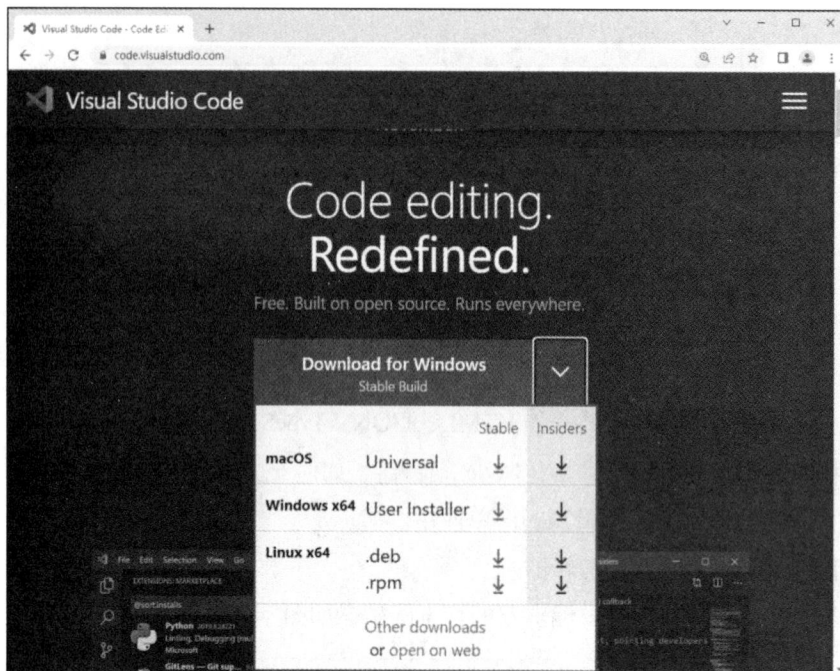

图1-2　其他操作系统版本的下载选项

　　VS Code 安装包下载成功后，在下载目录中找到该安装包，双击启动安装程序，按照程序的安装向导提示操作，直到安装完成。

　　VS Code 编辑器安装成功后，启动该编辑器，即可进入 VS Code 初始界面，如图 1-3 所示。

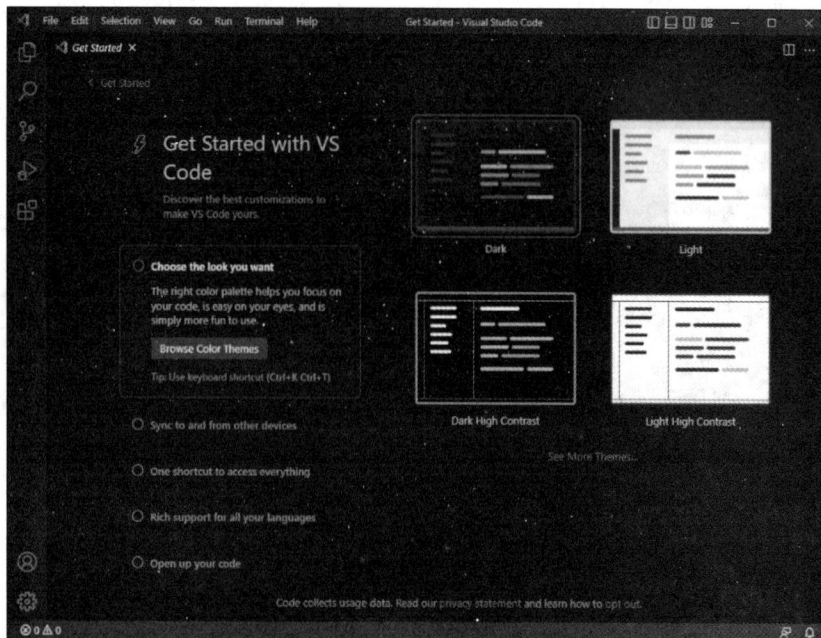

图1-3　VS Code初始界面

（2）安装中文语言扩展

VS Code 初始界面默认的语言是英文。为了使 VS Code 编辑器显示为中文，方便使用者开发和调试代码，需要安装中文语言扩展。首先单击 VS Code 初始界面左侧边栏中的按钮进入扩展界面，然后在搜索框中输入关键词"Chinese"搜索到中文语言扩展，单击"Install"按钮进行安装，如图 1-4 所示。

图1-4　安装中文语言扩展

安装成功后，需要重新启动 VS Code 编辑器才可使中文语言扩展生效。重新启动 VS Code 编辑器后，VS Code 编辑器的中文界面如图 1-5 所示。

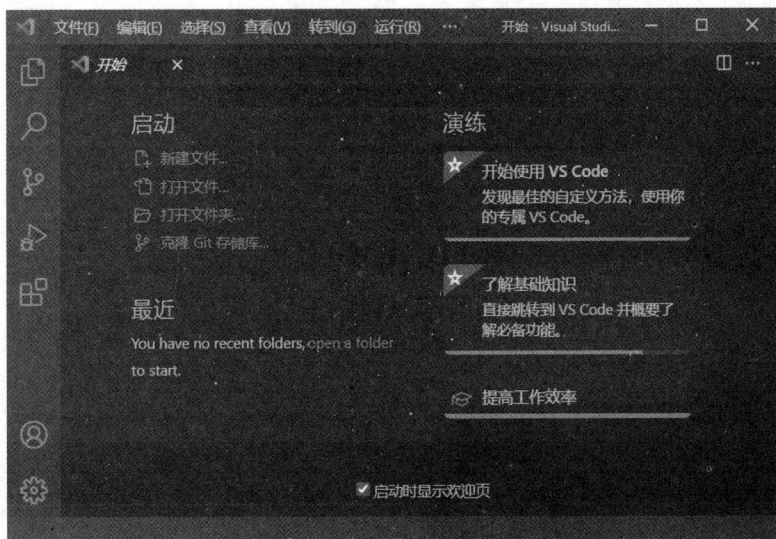

图1-5　VS Code编辑器的中文界面

（3）安装 Live Server 扩展

Live Server 扩展用于搭建一个具有实时重新加载功能的本地服务器，可以实现保存代码后浏览器自动同步刷新，使使用者可以即时查看网页效果。单击 VS Code 初始界面左侧边栏中的█按钮进入扩展界面，在该界面的搜索框中输入关键词"Live Server"找到 Live Server 扩展，单击"安装"按钮进行安装。安装 Live Server 扩展的界面如图 1-6 所示。

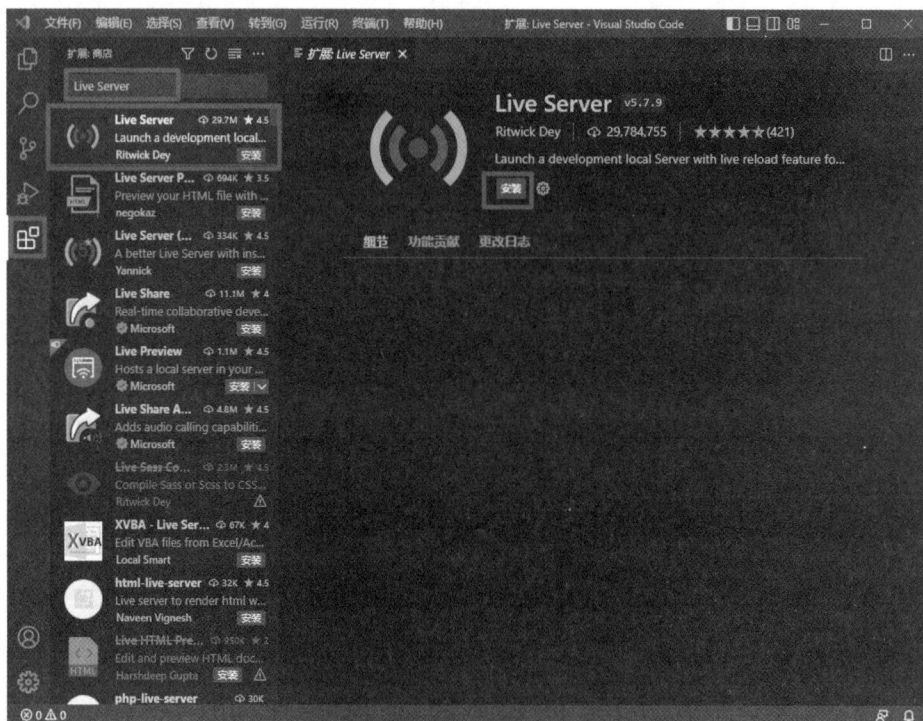

图1-6　安装Live Server扩展的界面

安装 Live Server 扩展后，可在编写好的网页文件中右击，在弹出的快捷菜单中选择"Open with Live Server"调用浏览器打开网页文件。

（4）VS Code 编辑器的简单使用

使用 VS Code 编辑器开发一个项目时，需要先创建项目文件夹，用于保存项目中的文件。下面演示如何创建项目文件夹、如何使用 VS Code 编辑器打开项目文件夹，以及如何在项目文件夹中创建一个 HTML5 文档，具体步骤如下。

① 在 D:\jQuery 目录下创建一个项目文件夹 chapter01。

② 在 VS Code 编辑器的菜单栏中选择"文件"-"打开文件夹…"，然后选择 chapter01文件夹。打开文件夹后的界面如图 1-7 所示。

资源管理器用于显示项目的目录结构，当前打开的 chapter01 文件夹的名称会被显示为CHAPTER01。该名称的右侧有 4 个快捷操作按钮，█按钮用于新建文件，█按钮用于新建文件夹，█按钮用于刷新资源管理器，█按钮用于折叠文件夹。

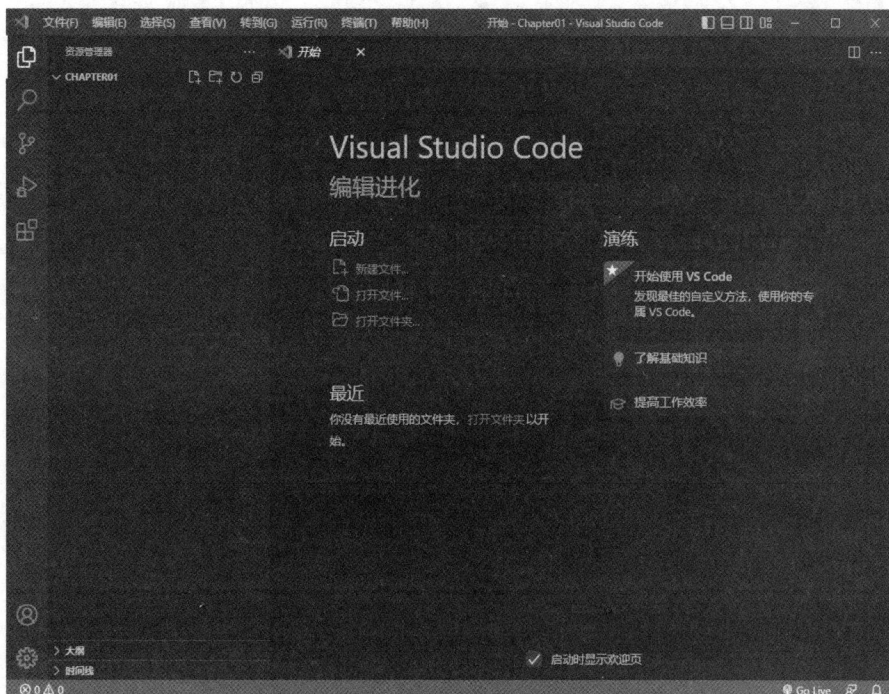

图1-7　打开文件夹后的界面

③ 单击🖹按钮并输入要创建的文件的名称 index.html，即可创建文件。此时创建的 index.html 文件是空白的，在其中编写一个简单的 HTML5 页面，示例代码如下。

```
1  <!DOCTYPE html>
2  <html>
3  <head>
4    <meta charset="UTF-8">
5    <title>Document</title>
6  </head>
7  <body>
8    Hello World
9  </body>
10 </html>
```

保存上述示例代码，并在 index.html 文件中单击鼠标右键，在弹出的快捷菜单中选择 "Open with Live Server"，在浏览器中打开 index.html 文件，该文件的运行效果如图 1-8 所示。

图1-8　index.html文件的运行效果

网页中显示"Hello World",实现了简单的 HTML5 页面效果。

任务实现

根据任务需求下载和引入 jQuery,具体实现步骤如下。

① 创建 D:\jQuery\chapter01 目录,并使用 VS Code 编辑器打开该目录。

② 在 Chrome 浏览器中访问 jQuery 官方网站的下载页面,如图 1-9 所示。

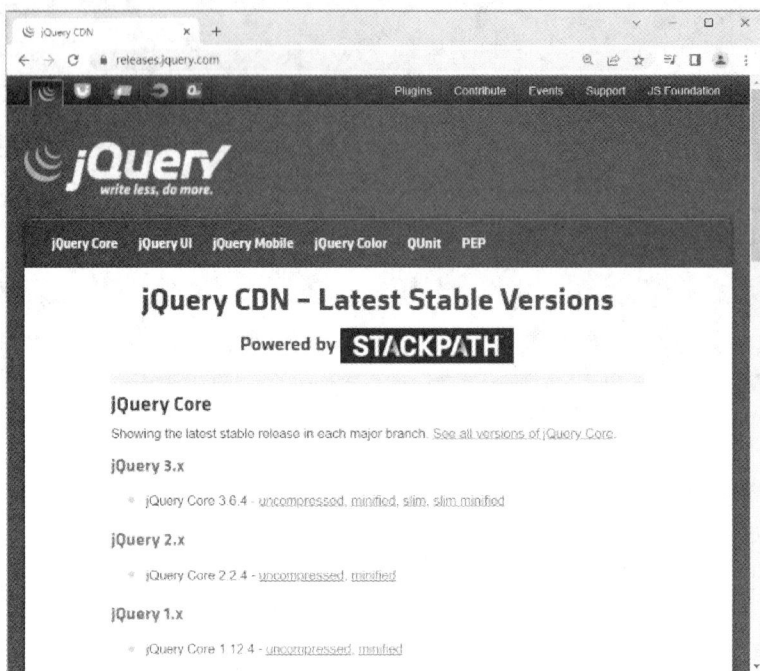

图1-9 jQuery官方网站的下载页面

uncompressed 表示未压缩版;minified 表示压缩版,相比于未压缩版,该版本删除了代码中所有换行符、缩进和注释等;slim 表示简化版,该版本不支持 Ajax 操作和动画操作;slim minified 表示简化版的压缩版。

③ 在图 1-9 所示页面中,单击"jQuery Core 3.6.4"右侧的"minified"超链接,弹出"Code Integration"对话框,如图 1-10 所示。

图1-10 "Code Integration"对话框

其提供了以<script>标签方式引入 jQuery 的代码。<script>标签的 src 属性用于指定 jQuery 文件的地址；integrity 属性通过一串校验码来防止脚本文件内容在传输的过程中丢失或者被恶意修改；crossorigin 属性用于配置 CORS（Cross-Origin Resource Sharing，跨域资源共享），设置为 anonymous 表示不发送用户凭据。

虽然利用"Code Integration"对话框中提供的代码可以完成 jQuery 的引入，但由于 jQuery 文件保存在国外服务器，下载速度比较慢，实际开发中一般是将 jQuery 文件下载到本地再进行引入。

④ 复制 jQuery 文件的地址，然后在浏览器中访问该地址。访问后，按 Ctrl+S 组合键，将 jquery-3.6.4.min.js 文件保存到 D:\jQuery\chapter01 目录。

⑤ 创建 hello.html 文件，在该文件中创建 HTML5 页面并引入 jquery-3.6.4.min.js 文件，示例代码如下。

```
1  <!DOCTYPE html>
2  <html>
3  <head>
4    <meta charset="UTF-8">
5    <title>下载和引入 jQuery</title>
6  </head>
7  <body>
8    <script src="jquery-3.6.4.min.js"></script>
9  </body>
10 </html>
```

在上述示例代码中，第 8 行代码用于引入当前目录下的 jquery-3.6.4.min.js 文件。

至此，完成了 jQuery 的下载和引入。

任务 1.2　jQuery 的简单使用

任务需求

前端开发实习生小洋想要运用 jQuery 设计一个古诗词网页，具体需求如下。

① 在网页中显示两句诗句，诗句内容为"壮志西行追古踪，孤烟大漠夕阳中。驼铃古道丝绸路，胡马犹闻唐汉风。"

② 在网页中添加 3 个按钮，按钮文本分别为"红色""蓝色"和"绿色"。

③ 当单击网页中按钮文本为"红色"的按钮时，诗句文本颜色变为红色；当单击网页中按钮文本为"蓝色"的按钮时，诗句文本颜色变为蓝色；当单击网页中按钮文本为"绿色"的按钮时，诗句文本颜色变为绿色，如图 1-11 所示。

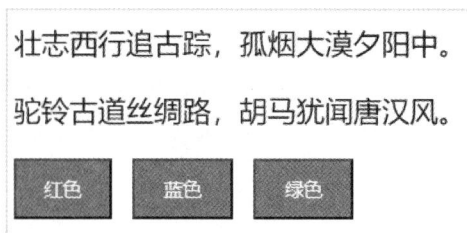

图1-11　单击按钮改变诗句文本颜色

知识储备

1. jQuery 的主要功能

jQuery 的主要功能包括选择元素、元素操作、事件操作、动画操作以及 Ajax 操作，下面对这些主要功能进行简要介绍。

（1）选择元素

在开发中，经常需要选择页面中的元素，从而对元素进行特定的操作。为了方便开发人员选择元素，jQuery 提供了一种类似 CSS 选择器的选择器。jQuery 中常用的选择器如表 1-1所示。

表 1-1　jQuery 中常用的选择器

类型	选择器
基本选择器	#id、*、.class、element、selector1, selector2, …
层次选择器	parent > child、selector selector1、prev + next、prev ~ siblings
筛选选择器	:empty、:has(selector) 、:parent
属性选择器	[attr]、[attr=value]、[attr!=value]、[attr^=value]
子元素选择器	:first-child、:last-child、:only-child、:first-of-type
表单选择器	:input、:next、:password、:radio、:checkbox、:submit

（2）元素操作

jQuery 提供了一系列用于操作元素的方法,使用这些方法可以实现对页面中元素的操作。jQuery 中常用的元素操作方法如表 1-2 所示。

表 1-2　jQuery 中常用的元素操作方法

类型	方法
元素遍历操作	each()
元素内容操作	html()、text()、val()
元素样式操作	css()、width()、height()、outerWidth()、outerHeight()、offset()、scrollTop()、scrollLeft()
元素属性操作	attr()、removeAttr()、prop()、removeProp()、addClass()、removeClass()、hasClass()、toggleClass()
元素查找操作	children()、find()、parents()、parent()、siblings()、next()、prev()

续表

类型	方法
元素过滤操作	eq()、filter()、is()、has()、first()、last()
元素追加操作	append()、prepend()、appendTo()、prependTo()、after()、before()、insertAfter()、insertBefore()
元素替换操作	replaceWidth()、replaceAll()
元素删除操作	empty()、remove()
元素复制操作	clone()

addClass()、removeClass()、hasClass()、toggleClass()这 4 个方法用于对元素的 class 属性进行操作，由于操作元素的 class 属性相当于操作元素的样式，所以也可以将这 4 个方法划分为元素样式操作类型。

（3）事件操作

jQuery 简化了 JavaScript 中的事件操作，调用事件操作方法即可实现事件的处理。jQuery 中常用的事件操作方法有 on()、off()、trigger()、triggerHandler()等。

（4）动画操作

在开发中，经常需要为页面添加一些动画效果，以提升页面的视觉效果和实现交互体验。jQuery 中常用的动画操作方法如表 1-3 所示。

表 1-3　jQuery 中常用的动画操作方法

类型	方法
显示和隐藏	show()、hide()、toggle()
滑动	slideDown()、slideUp()、slideToggle()
淡入和淡出	fadeIn()、fadeOut()、fadeTo()、fadeToggle()
自定义动画	animate()
停止动画	stop()

（5）Ajax 操作

Ajax 用于实现浏览器与服务器之间的异步数据交互。jQuery 提供了一些方法用于简化 JavaScript 中的 Ajax 操作，常用的 Ajax 操作方法有$.ajax()、$.get()、$.post()等。

以上介绍了 jQuery 的 5 个主要功能。另外，如果 jQuery 的现有功能不能满足项目的所有开发需求，可以使用 jQuery 插件来扩展 jQuery 的功能。

2. $()函数

在页面中引入 jQuery 后，JavaScript 全局作用域中会新增两个函数，分别是$()函数和 jQuery()函数，这两个函数本质上是同一个函数。由于$()函数写起来更简单，所以实际开发中一般使用$()函数。

$()函数类似构造函数，用于创建 jQuery 对象。但使用$()函数时不需要使用 new 关键字进行实例化，它的内部会自动进行实例化，返回实例化后的对象。

$()函数的参数可以是选择器、对象或 HTML 字符串，具体解释如下。

① 当参数是选择器时，$()函数会通过选择器获取元素，将元素封装到 jQuery 对象中返回。

② 当参数是对象时，$()函数会将对象封装到 jQuery 对象中返回。这里所说的对象主要包括 window 对象、document 对象、元素和函数，传入其他与页面操作无关的对象则没有实际意义。如果传入的对象是一个函数，则该函数会在页面加载完成时被调用。

③ 当参数是 HTML 字符串时，$()函数会根据 HTML 字符串创建元素，并将创建的元素封装到 jQuery 对象中返回。

下面通过代码演示$()函数的使用，示例代码如下。

```
1  // $()函数的参数为选择器
2  $('div');
3  // $()函数的参数为对象
4  $(document.body);
5  // $()函数的参数为 HTML 字符串
6  $('<div>test</div>');
```

在上述示例代码中，第 2 行代码将$()函数的参数设为 div 选择器，表示将页面中所有的 div 元素封装到 jQuery 对象中；第 4 行代码将$()函数的参数设为 body 元素，表示将该元素封装到 jQuery 对象中；第 6 行代码将$()函数的参数设为 HTML 字符串<div>test</div>，表示根据该字符串创建一个 div 元素。

3. jQuery 对象

jQuery 对象是由 jQuery 创建的对象，它可以用于封装对象，并提供了一系列操作方法。一个 jQuery 对象可以封装多个对象，每个对象都有一个索引，索引从 0 开始递增。通过索引可以取出 jQuery 对象中封装的对象，取出的语法有两种，具体如下。

```
// 第 1 种语法
jQuery 对象[索引]
// 第 2 种语法
jQuery 对象.get(索引)
```

若需要 jQuery 对象中封装的对象数量，可以通过 jQuery 对象的 length 属性获取。

下面演示如何将 body 元素封装到 jQuery 对象中，再从 jQuery 对象中取出 body 元素，并获取 jQuery 对象中封装的对象数量，示例代码如下。

```
1  // 将 body 元素封装到 jQuery 对象中
2  var $body = $(document.body);
3  // 从 jQuery 对象中取出 body 元素，并判断它是否为原来的 body 元素
4  console.log($body[0] === document.body);      // 输出结果：true
5  console.log($body.get(0) === document.body);  // 输出结果：true
6  // 获取 jQuery 对象中封装的对象数量
```

```
7   console.log($body.length);                    // 输出结果：1
```

从上述示例代码可以看出，调用$(document.body)函数即可将 body 元素封装到 jQuery 对象中，封装后，将返回的 jQuery 对象保存到$body 变量中；通过$body[0]和$body.get(0)都可以取出 body 元素，通过$body.length 获取的对象数量为 1。

下面演示 jQuery 对象的使用方法，利用 jQuery 对象实现将页面中所有的 div 元素隐藏，示例代码如下。

```
1   var $div = $('div');
2   $div.hide();
```

在上述示例代码中，第 1 行代码用于通过选择器获取所有的 div 元素，并将获取的 div 元素保存到$div 变量中；第 2 行代码通过调用 hide()方法将元素隐藏。

JavaScript 支持链式调用，因此可以将上述代码简写成一行代码，如下所示。

```
$('div').hide();
```

在上述代码中，$('div')函数会先被调用，该函数调用后返回 jQuery 对象，接着调用 jQuery 对象的 hide()方法实现元素隐藏。

4．选择器

在 jQuery 中，利用选择器可以很方便地获取页面中的元素。使用 jQuery 的选择器获取元素的语法格式如下。

```
$(选择器)
```

jQuery 提供的选择器非常多，这里选取开发中较为常用的基本选择器和层次选择器进行讲解。

（1）基本选择器

基本选择器的功能比较简单，主要通过 id、class 等获取元素。下面列举 jQuery 中常用的基本选择器，如表 1-4 所示。

表 1-4 jQuery 中常用的基本选择器

选择器	功能描述	示例
#id	获取指定 id 的元素	$('#btn')表示获取 id 属性值为 btn 的元素
*	获取所有元素	$('*')表示获取页面中的所有元素
.class	获取同一 class 的元素	$('.tab')表示获取所有.tab 类元素
element	获取具有相同标签名的所有元素	$('div')表示获取所有 div 元素
selector1, selector2, …	同时获取多个元素	$('div, p, li')表示同时获取 div 元素、p 元素和 li 元素

下面演示基本选择器的使用方法。利用.class 选择器获取所有.menu 类元素，并将获取结果输出到控制台，示例代码如下。

```
<body>
  <div class="menu">菜单</div>
```

```
<script>
  console.log($('.menu'));          // 获取所有.menu 类元素
</script>
</body>
```

上述示例代码运行后，在控制台中可以看到输出的元素信息，如图 1-12 所示。

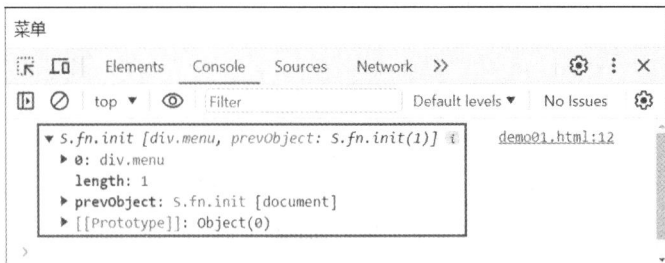

图1-12　元素信息（1）

控制台中输出了元素的信息，说明使用.class 选择器成功获取了所有.menu 类元素。

（2）层次选择器

当需要获取某个元素的子元素、后代元素或兄弟元素时，可以使用 jQuery 的层次选择器。下面列举 jQuery 中常用的层次选择器，如表 1-5 所示。

表 1-5　jQuery 中常用的层次选择器

选择器	功能描述	示例
parent > child	获取所有子元素	$('ul > li')表示获取 ul 元素的所有 li 子元素
selector selector1	获取所有后代元素	$('ul li')表示获取 ul 元素的所有 li 后代元素
prev + next	获取后面紧邻的兄弟元素	$('div + .title')表示获取 div 元素后面紧邻的.title 类兄弟元素
prev ~ siblings	获取后面的所有兄弟元素	$('.bar ~ li')表示获取.bar 类元素后的所有 li 兄弟元素

下面演示层次选择器的使用方法。利用 selector selector1 选择器获取 ul 元素的所有 li 后代元素，示例代码如下。

```
<body>
  <ul>
    <li>美食</li>
    <li>服饰</li>
    <li>数码</li>
    <li>家居</li>
  </ul>
  <script>
    console.log($('ul li'));          // 获取 ul 元素的所有 li 后代元素
  </script>
</body>
```

上述示例代码运行后，在控制台中可以看到输出的元素信息，如图 1-13 所示。

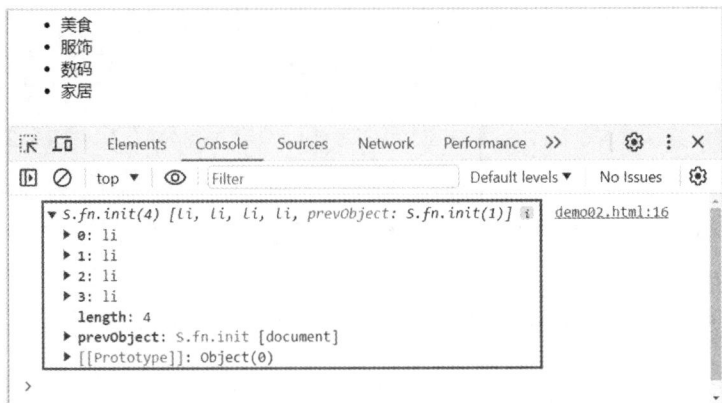

图1-13　元素信息（2）

控制台中输出了元素的信息，说明使用 selector selector1 选择器成功获取了 ul 元素的所有 li 后代元素。

5. on()方法

在前端开发中，开发人员往往需要完成一些交互效果，例如，通过单击页面中的按钮使页面弹出一个警告框。想要让页面感知到按钮被单击，就需要通过事件实现。

事件是指可以被 JavaScript 侦测到的行为，例如鼠标单击页面、鼠标指针划过某个区域等，不同行为对应不同事件。若要在事件触发时执行特定的事件处理函数，则需要注册事件，也就是为事件注册事件处理函数。

jQuery 提供的 on()方法用于注册事件，其语法格式如下。

```
.on(events[, selector][, data ], handler)
```

在上述语法格式中，中括号仅用于在书中标注参数是可选的，在实际编写代码时不应加中括号，否则中括号中的内容会被程序识别为数组。

下面对参数 events、selector、data 和 handler 进行讲解。

① events 表示事件类型，如 click 表示单击事件，可以写多个事件类型，用空格分隔即可。

② selector 表示选择器，省略时表示将事件处理函数绑定到已选择的元素本身。

③ data 表示数据对象，省略时表示不需要将任何额外的数据传递给事件处理函数。

④ handler 表示事件处理函数。

需要说明的是，on()方法允许为一个事件注册多个事件处理函数，当事件触发时，这些事件处理函数将会按注册时的顺序被调用。

下面通过代码演示如何使用 on()方法注册 click 事件，示例代码如下。

```
1  <body>
2    <button id="btn">请单击按钮</button>
3    <script>
4      $('#btn').on('click', function () {
```

```
5        alert('按钮被单击了！');
6      });
7    </script>
8  </body>
```

上述示例代码运行后，页面会显示一个按钮，单击该按钮后，页面会弹出一个警告框，并提示"按钮被单击了！"，说明成功使用 on()方法注册 click 事件。

6. 鼠标事件

在网页开发中，通过鼠标事件可以捕捉用户的动作并提供反馈或提示。例如，当鼠标指针悬停在某个元素上时，显示相关的信息或提示。下面列举常用的鼠标事件，如表 1-6 所示。

表 1-6　常用的鼠标事件

事件类型	说明
mousemove	当鼠标指针在特定元素内移动时触发
mouseover	当鼠标指针移入元素或其子元素时触发
mouseout	当鼠标指针移出元素或其子元素时触发
mouseenter	当鼠标指针移入元素时触发
mouseleave	当鼠标指针移出元素时触发
click	当单击元素时触发
dblclick	当双击元素时触发
mousedown	当鼠标指针移动到元素上方，并按鼠标按键时触发
mouseup	当在元素上释放鼠标按键时触发

为了让读者更好地掌握鼠标事件，下面以 click 事件和 mouseenter 事件为例进行演示，示例代码如下。

```
1  <body>
2  <div>请单击此处</div>
3  <script>
4    $('div').on('click', function () {
5      alert('通过鼠标事件实现注册');
6    });
7  </script>
8  </body>
```

在上述示例代码中，第 2 行代码用于定义 div 元素；第 4~6 行代码用于获取 div 元素并注册 click 事件，其中，第 5 行代码使用 alert()方法弹出警告框。

运行上述代码后，页面会显示"请单击此处"的文字，单击文字后，会弹出一个警告框，并提示"通过鼠标事件实现注册"。

7. css()方法

在实际开发中，经常需要通过设置元素样式来美化页面，从而为用户提供更好的视觉体验。jQuery 提供的 css()方法可以获取和设置元素的样式。

css()方法的具体用法和说明如表 1-7 所示。

表 1-7　css()方法的具体用法和说明

用法	说明
css(propertyName)	获取第一个匹配元素的样式
css(propertyName, value)	为所有匹配元素设置样式
css(properties)	传递以键值对形式表示的对象 properties，用于一次性设置多个样式属性

在表 1-7 中，参数 propertyName 表示样式属性名；value 表示样式属性值；properties 表示样式对象，如{ color:'red' }。

下面通过代码演示如何使用 css()方法设置元素的样式。首先定义 div 元素，然后使用 css()方法设置 div 元素的宽度为 200px、高度为 200px、背景颜色为 pink，示例代码如下。

```
1  <body>
2    <div></div>
3    <script>
4      $('div').css('width', '200px');
5      $('div').css({ height: '200px', backgroundColor: 'pink' });
6    </script>
7  </body>
```

在上述示例代码中，第 4、5 行代码用于设置 div 元素的宽度、高度和背景颜色。

上述示例代码运行后，页面会显示一个粉红色的正方形，说明使用 css()方法成功设置了 div 元素的样式。

任务实现

根据任务需求实现单击按钮改变诗句文本颜色的效果，具体实现步骤如下。

① 创建 demo.html 文件，编写页面结构并引入 jquery-3.6.4.min.js 文件，具体代码如下。

```
1   <!DOCTYPE html>
2   <html>
3   <head>
4     <meta charset="UTF-8">
5     <title>jQuery 的简单使用</title>
6   </head>
7   <body>
8     <p class="text">壮志西行追古踪，孤烟大漠夕阳中。</p>
9     <p class="text">驼铃古道丝绸路，胡马犹闻唐汉风。</p>
10    <div>
```

```
11    <button class="color-button" id="red_button">红色</button>
12    <button class="color-button" id="blue_button">蓝色</button>
13    <button class="color-button" id="green_button">绿色</button>
14  </div>
15  <script src="jquery-3.6.4.min.js"></script>
16  </body>
17  </html>
```

在上述代码中，第 8、9 行代码定义了两个 class 属性值为 text 的<p>标签，用于在网页中显示文本；第 10～14 行代码定义了一个<div>标签和 3 个 class 属性值为 color-button 的<button>标签，用于在网页中显示 3 个按钮。

② 在步骤①的第 5 行代码的下方编写样式代码，具体代码如下。

```
1   <style>
2     .text {
3       font-size: 20px;
4       margin-bottom: 20px;
5     }
6     .color-button {
7       margin-right: 10px;
8       padding: 10px 20px;
9       background-color: #3f88c5;
10      color: white;
11      text-align: center;
12    }
13  </style>
```

在上述代码中，第 2～5 行代码用于设置文本样式，第 6～12 行代码用于设置按钮样式。

③ 在步骤①的第 15 行代码的下方编写逻辑代码，实现单击按钮改变诗句文本颜色，具体代码如下。

```
1   <script>
2     $('#red_button').on('click', function () {
3       $('.text').css('color', 'red');
4     });
5     $('#blue_button').on('click', function () {
6       $('.text').css('color', 'blue');
7     });
8     $('#green_button').on('click', function () {
9       $('.text').css('color', 'green');
10    });
11  </script>
```

在上述代码中，第 2～4 行代码用于获取 id 属性值为 red_button 的元素并注册 click 事件，当触发 click 事件时，获取.text 类的元素并将元素的 color 样式设置为红色。

第 5～7 行代码用于获取 id 属性值为 blue_button 的元素，并注册一个 click 事件，当触发 click 事件时，获取.text 类的元素并将元素的 color 样式设置为蓝色。

第 8～10 行代码用于获取 id 属性值为 green_button 的元素，并注册一个 click 事件，当触发 click 事件时，获取.text 类的元素并将元素的 color 样式设置为绿色。

保存上述代码，在浏览器中打开 demo.html 文件，单击按钮改变诗句文本颜色的初始效果如图 1-14 所示。

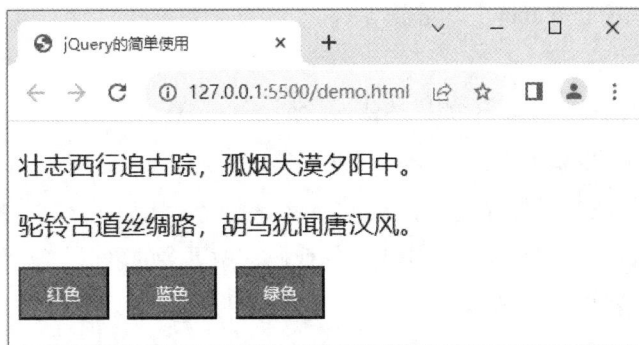

图1-14　单击按钮改变诗句文本颜色的初始效果

页面中显示了两行诗句和 3 个按钮，单击"红色"按钮后，页面中的两行诗句由黑色变为红色。读者可以尝试单击"蓝色"按钮和"绿色"按钮，查看页面中这两行诗句的颜色变化。

本章小结

本章主要讲解 jQuery 的基础知识，首先讲解什么是 jQuery 和 Visual Studio Code 编辑器，然后讲解 jQuery 的主要功能、$()函数、jQuery 对象、选择器、on()方法、鼠标事件和 css()方法。通过本章的学习，读者能够初步掌握 jQuery 的使用方法，为后续的学习奠定基础。

课后习题

一、填空题

1. 在页面中引入 jQuery 后，JavaScript 全局作用域中会新增两个函数，分别是$()函数和_____。

2. 通过_____标签可以引入 jQuery。

3. 当鼠标指针移出元素或其子元素时触发_____事件。

4. jQuery 提供了_____方法来注册事件。

二、判断题

1. jQuery 是一个常用的 JavaScript 库，但不属于轻量级的库。（   ）

2. jQuery 中的 css()方法可以设置元素样式。（   ）

3. jQuery 支持 CSS1～CSS3 定义的属性和选择器。（   ）

4. jQuery 对象可以封装多个对象。（   ）

5. 当鼠标指针在特定元素内移动时触发 mousemove 事件。（   ）

6. $('#menu')用于获取.menu 类元素。（   ）

三、选择题

1. 下列选项中，关于 jQuery 的描述错误的是（   ）。

    A. 必须引入 jQuery 才能使用

    B. jQuery 不支持事件操作

    C. jQuery 的设计宗旨是"使用更少的代码，做更多的事情"

    D. jQuery 支持 Ajax 操作

2. 下列选项中，用于实现自定义动画的方法是（   ）。

    A. show()   B. slideDown()   C. fadeTo()   D. animate()

3. 下列选项中，关于 $()函数的描述错误的是（   ）。

    A. $()函数会将元素封装到 jQuery 对象中返回

    B. $()函数的参数可以是选择器、元素或 HTML 字符串

    C. $()函数需要使用 new 关键字创建 jQuery 对象

    D. $()函数和 jQuery()函数本质上是同一个函数

4. 下列选项中，鼠标指针移入元素时触发的鼠标事件是（   ）。

    A. mouseenter   B. mouseleave   C. mousedown   D. mouseup

5. 下列选项中，用于获取具有相同标签名的所有元素的选择器是（   ）。

    A. element   B. .class   C. #id   D. *

6. 下列选项中，用于获取所有后代元素的选择器是（   ）。

    A. selector selector1   B. prev ~ siblings

    C. parent > child   D. prev + next

四、简答题

请简述 jQuery 的特点。

五、操作题

请使用 jQuery 实现当用户单击按钮时，按钮的背景颜色变为粉红色；当用户将鼠标指针移入按钮时，按钮的宽度增加到 200px；当用户将鼠标指针移出按钮时，按钮恢复默认样式。

第2章

jQuery实现多样化菜单

知识目标	● 掌握显示和隐藏元素的方法,能够使用显示和隐藏元素的方法实现页面特效 ● 掌握查找元素的方法,能够灵活应用查找元素的方法查找页面元素 ● 掌握元素索引的获取方法,能够使用 index()方法获取元素索引 ● 掌握利用索引取出元素的方法,能够使用 eq()方法从元素集中取出指定索引的元素 ● 掌握停止动画的方法,能够灵活应用 stop()方法停止元素的动画效果
技能目标	● 掌握下拉菜单的实现方法,能够完成下拉菜单的开发 ● 掌握折叠式菜单的实现方法,能够完成折叠式菜单的开发 ● 掌握热卖展示菜单的实现方法,能够完成热卖展示菜单的开发 ● 掌握左进左出导航菜单的实现方法,能够完成左进左出导航菜单的开发

菜单是网站和应用程序的重要组成部分,可以有效地呈现网站和应用程序的信息结构。合理地设计菜单的层次结构和分类方式,可以清晰地展示不同页面或功能模块之间的关系,帮助用户了解网站的整体布局,让用户快速地访问不同的页面,降低操作难度,提升用户的使用体验。本章将详细讲解如何使用 jQuery 实现多样化菜单。

任务 2.1　下拉菜单

任务需求

为了进一步推广传统文化,某传统文化研究院正在打造一个传统文化精品展示网站,该网站将为专家、学者、传统文化爱好者等提供一个学习和交流传统文化的平台。为了提升用户体验，网站的产品经理建议使用下拉菜单的形式来优化导航栏，实现当用户将鼠标指针移入一级菜单项后，在一级菜单项的下方展示二级菜单项，让用户获得更多的选择。

一级菜单项及相应的二级菜单项如表 2-1 所示。

表 2-1   一级菜单项及相应的二级菜单项

一级菜单项	二级菜单项
传统工艺	剪纸、陶瓷、刺绣
传统戏剧	京剧、川剧、粤剧
传统节日	春节、端午节、重阳节
传统乐器	二胡、琵琶、编钟

下拉菜单的效果如图 2-1 所示。

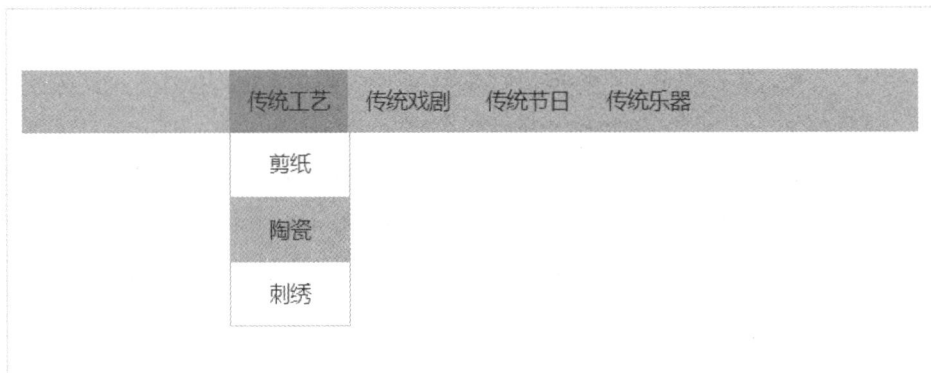

图2-1   下拉菜单的效果

知识储备

1. 显示和隐藏元素的方法

在网页开发中，经常会通过控制元素的显示和隐藏来实现页面特效。jQuery 提供了用于显示和隐藏元素的方法，这些方法都支持添加动画效果，添加动画效果可以使元素在显示或隐藏时以动画的形式呈现。jQuery 中用于显示和隐藏元素的方法如表 2-2 所示。

表 2-2   jQuery 中用于显示和隐藏元素的方法

方法	说明
show([duration][, easing][, complete])	显示匹配的元素
hide([duration][, easing][, complete])	隐藏匹配的元素
toggle([duration][, easing][, complete])	切换元素的显示和隐藏

下面对参数 duration、easing 和 complete 进行讲解。

① duration 表示动画的持续时间，可设置为以毫秒为单位的动画时长（如 1000），或预定的 3 种速度（slow、fast 和 normal），默认值为 400。

② easing 表示切换效果，默认值为 swing（开始和结束时速度慢，中间速度快），还可以设置为 linear（匀速）。

③ complete 表示在动画完成后执行的函数。

2. 查找元素的方法

在实际开发中，当使用 jQuery 选择器或其他方式获取元素后，可能还需要进一步查找与已获取元素相关的元素，此时可以使用 jQuery 提供的查找元素的方法。jQuery 中常用的查找元素的方法如表 2-3 所示。

表 2-3　jQuery 中常用的查找元素的方法

方法	说明
children([selector])	获取当前元素集中每个元素的所有直接子元素
find(selector|element)	获取当前元素集中每个元素的后代元素
parents([selector])	获取当前元素集中每个元素的祖先元素（不包含根元素）
parent([selector])	获取当前元素集中每个元素的直接父元素
siblings([selector])	获取当前元素集中每个元素的所有兄弟元素（不分前后）
next([selector])	获取当前元素集中每个元素紧邻的后一个兄弟元素
prev([selector])	获取当前元素集中每个元素紧邻的前一个兄弟元素

参数 selector 和 element 用于限定查找的条件，其中，selector 表示选择器，element 表示元素。对于 find()方法，selector 和 element 只能二选一。

下面通过代码演示元素查找方法的使用方法，示例代码如下。

```
1  <body>
2    <div class="parent">
3     <ul>
4      <li class="list">第 1 个列表项</li>
5      <li class="list second-list">第 2 个列表项</li>
6      <li class="list">第 3 个列表项</li>
7     </ul>
8     <div class="son">
9      <p>子元素</p>
10    </div>
11   </div>
12   <script>
13    console.log($('.parent').find('p'));
14    console.log($('.second-list').parents('.parent'));
15    console.log($('.second-list').siblings());
```

```
16        console.log($('ul').next('.list'));
17    </script>
18  </body>
```

上述示例代码中，第 13 行代码用于查找.parent 类元素的后代元素中的 p 元素，第 14 行代码用于查找.second-list 类元素的祖先元素中的.parent 类元素，第 15 行代码用于查找.second-list 类元素的所有兄弟元素，第 16 行代码用于查找 ul 元素紧邻的后一个.list 类兄弟元素。

上述代码执行后，打开控制台查看运行结果，如图 2-2 所示。

```
▼ S.fn.init [p, prevObject: S.fn.init(1)] ⅈ
  ▶ 0: p
    length: 1
  ▶ prevObject: S.fn.init [div.parent, prevObject: S.fn.init(1)]
  ▶ [[Prototype]]: Object(0)
▼ S.fn.init [div.parent, prevObject: S.fn.init(1)] ⅈ
  ▶ 0: div.parent
    length: 1
  ▶ prevObject: S.fn.init [li.list.second_list, prevObject: S.fn.init(1)]
  ▶ [[Prototype]]: Object(0)
▼ S.fn.init(2) [li.list, li.list, prevObject: S.fn.init(1)] ⅈ
  ▶ 0: li.list
  ▶ 1: li.list
    length: 2
  ▶ prevObject: S.fn.init [li.list.second_list, prevObject: S.fn.init(1)]
  ▶ [[Prototype]]: Object(0)
▼ S.fn.init [prevObject: S.fn.init(1)] ⅈ
    length: 0
  ▶ prevObject: S.fn.init [ul, prevObject: S.fn.init(1)]
  ▶ [[Prototype]]: Object(0)
>
```

图2-2   运行结果

从图 2-2 可以看出，成功查找到元素。

任务实现

根据任务需求完成下拉菜单的开发，具体实现步骤如下。

① 创建 D:\jQuery\chapter02 目录，将 jquery-3.6.4.min.js 文件放入该目录，并使用 VS Code 编辑器打开该目录。

② 创建 dropDownMenu.html 文件，编写页面结构并引入 jquery-3.6.4.min.js 文件，具体代码如下。

```
1  <!DOCTYPE html>
2  <html>
3  <head>
4    <meta charset="UTF-8">
5    <title>下拉菜单</title>
6  </head>
```

```
7  <body>
8    <div>
9      <ul class="nav">
10       <li>
11         <a href="#">传统工艺</a>
12         <ul>
13           <li><a href="#">剪纸</a></li>
14           <li><a href="#">陶瓷</a></li>
15           <li><a href="#">刺绣</a></li>
16         </ul>
17       </li>
18       <li>
19         <a href="#">传统戏剧</a>
20         <ul>
21           <li><a href="#">京剧</a></li>
22           <li><a href="#">川剧</a></li>
23           <li><a href="#">粤剧</a></li>
24         </ul>
25       </li>
26       <li>
27         <a href="#">传统节日</a>
28         <ul>
29           <li><a href="#">春节</a></li>
30           <li><a href="#">端午节</a></li>
31           <li><a href="#">重阳节</a></li>
32         </ul>
33       </li>
34       <li>
35         <a href="#">传统乐器</a>
36         <ul>
37           <li><a href="#">二胡</a></li>
38           <li><a href="#">琵琶</a></li>
39           <li><a href="#">编钟</a></li>
40         </ul>
41       </li>
42     </ul>
43   </div>
44   <script src="jquery-3.6.4.min.js"></script>
45 </body>
46 </html>
```

在上述代码中，第 10～41 行代码创建了 4 个一级菜单项，分别是传统工艺、传统戏剧、传统节日和传统乐器，并且每个一级菜单项都包含 3 个二级菜单项，例如传统工艺包含的二级菜单项有剪纸、陶瓷和刺绣。

③ 在步骤②的第 5 行代码的下方编写样式代码，具体代码如下。

```
1   <style>
2   li {
3     list-style-type: none;
4   }
5   a {
6     text-decoration: none;
7     font-size: 14px;
8   }
9   div {
10    width: 600px;
11    height: 41px;
12    margin: 0px auto;
13    background-color: #f78b8b;
14  }
15  .nav {
16    margin: 100px;
17  }
18  .nav > li {
19    position: relative;
20    float: left;
21    width: 80px;
22    height: 41px;
23    text-align: center;
24  }
25  .nav li a {
26    display: block;
27    width: 100%;
28    height: 100%;
29    line-height: 41px;
30    color: #333;
31  }
32  .nav > li:hover {
33    background-color: #ff4040;
34  }
35  .nav ul {
36    display: none;
37    position: absolute;
38    top: 41px;
39    left: 0;
```

```
40      width: 100%;
41      border-left: 1px solid #f78b8b;
42      border-right: 1px solid #f78b8b;
43      margin: 0;
44      padding: 0;
45    }
46    .nav ul li {
47      border-bottom: 1px solid #f78b8b;
48    }
49    .nav ul li a:hover {
50      background-color: #f78b8b;
51    }
52  </style>
```

在上述代码中，第 32～34 行代码用于实现当鼠标指针悬停在.nav 类的 li 元素上时，其背景颜色变为红色的效果；第 46～48 行代码用于为.nav 类的无序列表下的每个列表项底部设置一个宽为 1px 的深红色实线边框；第 49～51 行代码用于实现当鼠标指针悬停在下拉菜单的菜单项上时，其背景颜色变为深红色的效果。

④ 在步骤②的第 44 行代码的下方编写逻辑代码，首先使用选择器获取元素，然后注册 mouseover 事件和 mouseout 事件，实现当鼠标指针移入一级菜单项时显示二级菜单项，当鼠标指针移出一级菜单项时隐藏二级菜单项，具体代码如下。

```
1   <script>
2     // 当鼠标指针移入一级菜单项时显示二级菜单项
3     $('.nav > li').on('mouseover', function () {
4       $(this).children('ul').show();
5     });
6     // 当鼠标指针移出一级菜单项时隐藏二级菜单项
7     $('.nav > li').on('mouseout', function () {
8       $(this).children('ul').hide();
9     });
10  </script>
```

在上述代码中，第 3 行和第 7 行代码中的$('.nav > li')表示使用层次选择器获取.nav 类元素的所有 li 子元素，第 4 行和第 8 行代码中的$(this)表示触发事件的当前元素的 jQuery 对象。

保存上述代码后，在浏览器中打开 dropDownMenu.html 文件，将鼠标指针移至"传统工艺"下的"陶瓷"菜单项上，下拉菜单如图 2-3 所示。

"传统工艺"的下方出现了下拉菜单，说明当前已经成功实现二级菜单的效果。下拉菜单中的"陶瓷"被设置了背景颜色，说明已成功实现当鼠标指针悬停在下拉菜单中的菜单项上时，其背景颜色变为深红色的效果。

图2-3　下拉菜单

任务 2.2　折叠式菜单

任务需求

为了更好地管理公司各部门，某科技公司要对办公系统进行升级，帮助用户可以快速地查看公司的各部门和子部门。项目经理提出，需要在部门管理页面中开发一个折叠式菜单，当用户单击一级菜单项时，展开对应的二级菜单项。

折叠式菜单的一级菜单项和二级菜单项如表 2-4 所示。

表 2-4　折叠式菜单的一级菜单项和二级菜单项

一级菜单项	二级菜单项
行政部	物资采购部、后勤保障部、行政办公室
财务部	财务核算部、税务管理部、薪资管理部
技术部	Java 研发部、Python 研发部、PHP 研发部
市场部	北京事业部、上海事业部、深圳事业部

折叠式菜单的效果如图 2-4 所示。

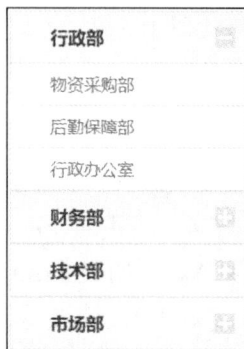

图2-4　折叠式菜单的效果

任务实现

根据任务需求完成折叠式菜单的开发，具体实现步骤如下。

① 创建 foldingMenu.html 文件，编写页面结构并引入 jquery-3.6.4.min.js 文件，具体代码如下。

```
1   <!DOCTYPE html>
2   <html>
3   <head>
4     <meta charset="UTF-8">
5     <title>折叠式菜单</title>
6   </head>
7   <body>
8     <ul class="menu-list">
9       <li>
10        <p class="menu-head">行政部</p>
11        <div class="menu-body">
12          <a href="#">物资采购部</a>
13          <a href="#">后勤保障部</a>
14          <a href="#">行政办公室</a>
15        </div>
16      </li>
17      <li>
18        <p class="menu-head">财务部</p>
19        <div class="menu-body">
20          <a href="#">财务核算部</a>
21          <a href="#">税务管理部</a>
22          <a href="#">薪资管理部</a>
23        </div>
24      </li>
25      <li>
26        <p class="menu-head">技术部</p>
27        <div class="menu-body">
28          <a href="#">Java 研发部</a>
29          <a href="#">Python 研发部</a>
30          <a href="#">PHP 研发部</a>
31        </div>
32      </li>
33      <li>
34        <p class="menu-head">市场部</p>
35        <div class="menu-body">
```

```
36          <a href="#">北京事业部</a>
37          <a href="#">上海事业部</a>
38          <a href="#">深圳事业部</a>
39        </div>
40      </li>
41    </ul>
42    <script src="jquery-3.6.4.min.js"></script>
43  </body>
44  </html>
```

在上述代码中，class 属性值为 menu-head 的元素表示一级菜单项，class 属性值为 menu-body 的元素表示二级菜单项的容器。

② 在步骤①的第 5 行代码的下方编写样式代码，具体代码如下。

```
1   <style>
2     ul {
3       list-style-type: none;
4       margin: 100px;
5     }
6     .menu-head {
7       width: 185px;
8       height: 47px;
9       line-height: 47px;
10      padding-left: 38px;
11      font-size: 17px;
12      color: #475052;
13      cursor: pointer;
14      border: 1px solid #e1e1e1;
15      position: relative;
16      margin: 0px;
17      font-weight: bold;
18      background: #f1f1f1 url("images/pro_left.png") center right no-repeat;
19    }
20    .menu-list .current {
21      background: #f1f1f1 url("images/pro_down.png") center right no-repeat;
22    }
23    .menu-body {
24      width: 223px;
25      height: auto;
26      overflow: hidden;
27      line-height: 38px;
28      border-left: 1px solid #e1e1e1;
29      background: #fff;
30      border-right: 1px solid #e1e1e1;
```

```
31   }
32   .menu-body a {
33     display: block;
34     width: 223px;
35     height: 38px;
36     line-height: 38px;
37     padding-left: 38px;
38     color: #777;
39     background: #fff;
40     text-decoration: none;
41     border-bottom: 1px solid #e1e1e1;
42   }
43 </style>
```

在上述代码中，第 20~22 行代码用于设置.menu-list 类元素中.current 类元素的背景样式为指定图片，并将其放置在页面右侧靠中间的位置，同时将背景颜色设置为浅灰色。

③ 在步骤①的第 42 行代码的下方编写逻辑代码，实现菜单的折叠效果，具体代码如下。

```
1  <script>
2    $('.menu-head + div').hide();
3    $('.menu-head').on('click', function () {
4      $(this).css('background-image', 'url("images/pro_down.png")');
5      $(this).next('div').show();
6      var lis = $(this).parent('li').siblings('li');
7      lis.children('p').css('background-image', 'url("images/pro_left.png")');
8      lis.children('div').hide();
9    });
10 </script>
```

在上述代码中，第 2 行代码用于查找所有一级菜单下的二级菜单项，并调用 hide()方法隐藏所有二级菜单项。第 3~9 行代码用于查找所有的一级菜单项并注册 click 事件。

第 4 行代码调用 css()方法设置被单击的一级菜单的图标；第 5 行代码调用 next()方法查找 p 元素下的第一个 div 元素，并调用 show()方法显示查找到的元素；第 6 行代码用于获取当前被单击元素的父元素 li 中的所有同级 li 元素，并将其保存在 lis 变量中；第 7 行代码调用 children()方法查找同级 li 元素下的子元素 p，并调用 css()方法设置需要显示的图标；第 8 行代码调用 children()方法查找同级 li 元素下的 div 元素，并调用 hide()方法隐藏匹配到的元素。

保存上述代码，在浏览器中打开 foldingMenu.html 文件，单击一级菜单中的"财务部"，折叠式菜单如图 2-5 所示。

由图 2-5 可知，单击一级菜单中的"财务部"后，会展示二级菜单项，并且右侧▓变为▓，说明实现了折叠式菜单的效果。

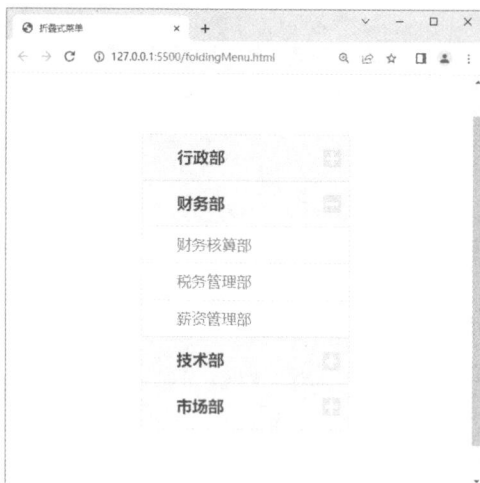

图2-5　折叠式菜单

任务 2.3　热卖展示菜单

任务需求

某电商公司是一家利用互联网技术和电子商务模式进行商品销售的企业。为了提供更加便利的购物渠道，该电商公司需要开发一个新的电商网站。

在电商网站的开发过程中，需要设计一个热卖展示菜单，该菜单用于展示热卖的9种商品，并支持快速切换商品。当鼠标指针移动到热卖展示菜单左侧的某个选项上时，右侧的图像区域显示对应的商品图。其中，热卖的商品包括茶具、文具、毛巾、羽绒服、靴子、耳机、收纳盒、吉他和珠宝。

热卖展示菜单的效果如图 2-6 所示。

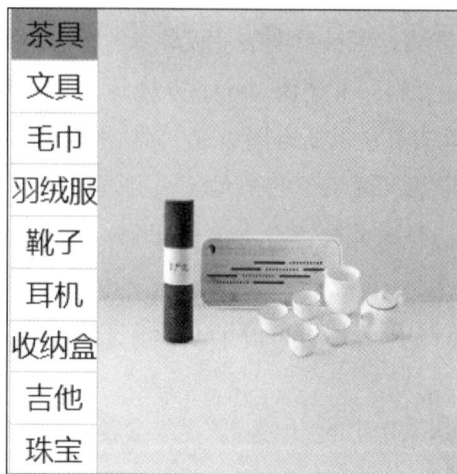

图2-6　热卖展示菜单的效果

知识储备

1. 获取元素索引

当需要获取一个元素在其父元素中的位置索引时，可以使用 index()方法。在 jQuery 中，index()方法用于获取元素的索引，该方法的语法格式如下。

```
index([selector|element])
```

其中，selector 表示选择器，element 表示元素，这两个参数只能二选一。如果省略所有参数，则该方法返回当前元素在其同级元素中的索引。索引从 0 开始递增。

下面通过代码演示 index()方法的使用方法，示例代码如下。

```
1   <body>
2    <ul>
3      <li>美食</li>
4      <li>服饰</li>
5      <li class="target">数码</li>
6      <li>家居</li>
7    </ul>
8    <script>
9     var index = $('.target').index();
10    console.log(index);
11   </script>
12  </body>
```

在上述示例代码中，第 9 行代码调用 index()方法获取.target 类元素的索引，并赋值给变量 index；第 10 行代码用于在控制台中输出变量 index 的值。

保存代码，在浏览器中进行测试，上述示例代码运行后，控制台中输出"2"，说明通过 index()方法成功获取到.target 类元素的索引。

2. 根据索引取出元素

当一个元素集合中存在多个元素时，如果需要在元素集合中选择某个特定的元素进行操作，可以使用 eq()方法。在 jQuery 中，eq()方法用于从元素集合中取出指定索引的元素，该方法的语法格式如下。

```
eq(index)
```

其中，参数 index 表示元素在元素集中的索引。

下面通过代码演示 eq()方法的使用方法，示例代码如下。

```
1   <body>
2    <ul id="list">
3     <li>Item1</li>
4     <li>Item2</li>
5     <li>Item3</li>
6    </ul>
```

```
7      <script>
8        $('#list li').eq(0).css('color', 'blue');
9      </script>
10   </body>
```

在上述示例代码中，第 8 行代码调用 eq()方法获取 li 元素集中索引为 0 的元素，并调用 css()方法将该元素的文本颜色设置为蓝色。

保存代码，在浏览器中进行测试。上述示例代码运行后，页面中的文本 Item1 显示为蓝色，说明通过 eq()方法成功获取到 li 元素集中索引为 0 的元素。

任务实现

根据任务需求完成热卖展示菜单的开发，具体实现步骤如下。

① 创建 directionMenu.html 文件，编写页面结构并引入 jquery-3.6.4.min.js 文件，具体代码如下。

```
1    <!DOCTYPE html>
2    <html>
3    <head>
4      <meta charset="UTF-8">
5      <title>热卖展示菜单</title>
6    </head>
7    <body>
8      <div class="wrapper">
9        <ul id="side">
10         <li><a href="#">茶具</a></li>
11         <li><a href="#">文具</a></li>
12         <li><a href="#">毛巾</a></li>
13         <li><a href="#">羽绒服</a></li>
14         <li><a href="#">靴子</a></li>
15         <li><a href="#">耳机</a></li>
16         <li><a href="#">收纳盒</a></li>
17         <li><a href="#">吉他</a></li>
18         <li><a href="#">珠宝</a></li>
19       </ul>
20       <div id="content">
21         <div>
22           <a href="#"><img src="images/teaSet.png" alt=""></a>
23         </div>
24         <div>
25           <a href="#"><img src="images/stationery.png" alt=""></a>
26         </div>
27         <div>
```

```
28        <a href="#"><img src="images/towel.png" alt=""></a>
29      </div>
30      <div>
31        <a href="#"><img src="images/downJackets.png" alt=""></a>
32      </div>
33      <div>
34        <a href="#"><img src="images/boots.png" alt=""></a>
35      </div>
36      <div>
37        <a href="#"><img src="images/headset.png" alt=""></a>
38      </div>
39      <div>
40        <a href="#"><img src="images/box.png" alt=""></a>
41      </div>
42      <div>
43        <a href="#"><img src="images/guitar.png" alt=""></a>
44      </div>
45      <div>
46        <a href="#"><img src="images/treasure.png" alt=""></a>
47      </div>
48    </div>
49  </div>
50  <script src="jquery-3.6.4.min.js"></script>
51 </body>
52 </html>
```

上述代码创建了一个热卖展示菜单，并且每件商品都有一张对应的图片。

② 在步骤①的第 5 行代码的下方编写样式代码，具体代码如下。

```
1  <style>
2   ul {
3     list-style: none;
4     margin: 0;
5     padding: 0;
6   }
7   a {
8     text-decoration: none;
9   }
10  .wrapper {
11    width: 250px;
12    height: 248px;
13    margin: 100px auto 0;
14    border: 1px solid #bfcad0;
15    border-right: 0;
16    overflow: hidden;
17  }
```

```
18  #side, #content {
19    float: left;
20  }
21  #side li a {
22    display: block;
23    width: 48px;
24    height: 27px;
25    border-bottom: 1px solid #bfcad0;
26    line-height: 27px;
27    text-align: center;
28    color: black;
29  }
30  #side li a:hover {
31    background-color: #27ba9b;
32  }
33  #content {
34    border-left: 1px solid #bfcad0;
35    border-right: 1px solid #bfcad0;
36  }
37  img {
38    width: 200px;
39    height: 250px;
40  }
41  </style>
```

在上述代码中，第 30～32 行代码用于实现当鼠标指针悬停在热卖展示菜单左侧的某个选项上时，其背景颜色变为深绿色的效果。

③ 在步骤①的第 50 行代码的下方编写逻辑代码，实现当鼠标指针悬停在菜单左侧的某个选项上时，菜单右侧显示对应图片的效果，具体代码如下。

```
1  <script>
2    $('#side li').on('mouseover', function () {
3      var index = $(this).index();
4      $('#content div').eq(index).show().siblings().hide();
5    });
6  </script>
```

在上述代码中，第 2～5 行代码先获取 id 属性值为 side 的元素的后代元素 li，然后注册 mouseover 事件。其中，第 3 行代码通过$(this)函数获取当前鼠标指针悬停的元素，然后调用 index()方法获取该元素的索引，并赋值给变量 index；第 4 行代码用于在菜单右侧显示相应索引的图片，并隐藏其他图片。

保存上述代码，在浏览器中打开 directionMenu.html 文件，当鼠标指针悬停在菜单左侧的"毛巾"上时，热卖展示菜单如图 2-7 所示。

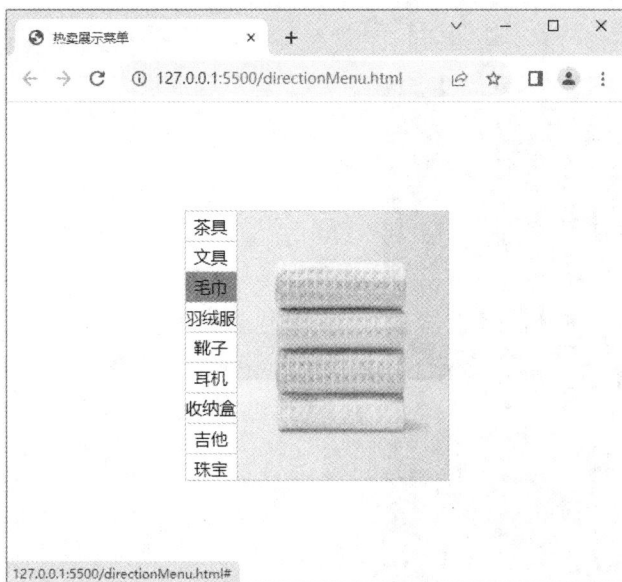

图2-7 热卖展示菜单

当鼠标指针悬停在菜单左侧的"毛巾"上时,右侧会显示对应的图片,说明实现了热卖展示菜单的功能。

任务 2.4   左进左出导航菜单

任务需求

随着互联网和移动技术的快速发展,外卖行业呈现出快速增长的趋势。某外卖企业为了提高管理效率,决定开发一个外卖点餐后台管理系统。

在这个项目中,项目经理提出需要开发一个带有左进左出效果的导航菜单页面,具体要求是单击一级菜单项时,一级菜单项下的二级菜单项能够以从屏幕左侧滑入的方式显示;再次单击一级菜单项时,二级菜单项能够以从屏幕左侧滑出的方式隐藏,从而实现左进左出导航菜单效果。

左进左出导航菜单的一级菜单项和二级菜单项如表 2-5 所示。

表 2-5   左进左出导航菜单的一级菜单项和二级菜单项

一级菜单项	二级菜单项
首页管理	无
菜品管理	菜品列表、添加菜品
套餐管理	套餐列表、添加套餐
订单管理	订单列表、添加订单
员工管理	员工列表、添加员工

左进左出导航菜单的效果如图 2-8 所示。

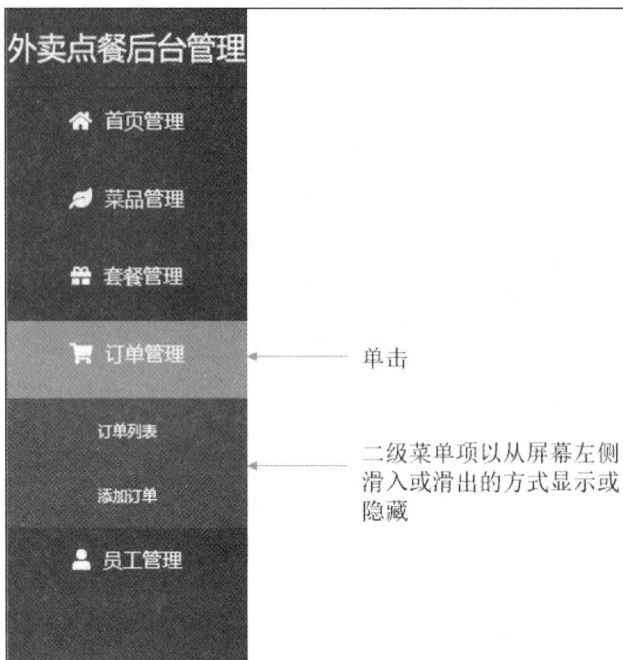

图2-8　左进左出导航菜单的效果

知识储备

停止动画的方法

如果在同一个元素上调用了一个以上的带有动画效果的方法，则除了当前正在播放的动画，其他动画将被放到一个队列中，这样就形成了动画队列。动画队列中的动画都是按照顺序播放的，默认只有当第 1 个动画播放完毕，才会播放下一个动画。如果想立即播放下一个动画，则需要停止当前正在播放的动画。

使用 jQuery 提供的 stop()方法可以停止动画，该方法的语法格式如下。

```
stop([clearQueue][, jumpToEnd])
```

其中，参数 clearQueue 是布尔值，表示是否删除动画队列中的动画，默认值为 false；参数 jumpToEnd 也是布尔值，表示是否立即完成当前动画的播放，默认值为 false。

在程序中调用 stop()方法时，如果设置的参数不同，则实现的效果也不同。下面以 div 元素为例，演示 stop()方法的 3 种常见使用方式，示例代码如下。

```
$('div').stop();              // 第 1 种方式
$('div').stop(true);          // 第 2 种方式
$('div').stop(true, true);    // 第 3 种方式
```

在上述示例代码中，stop()方法中不传入参数，表示停止 div 元素的当前动画，播放下一个动画；传入一个参数 true，表示清除 div 元素动画队列中的所有动画；传入两个参数 true，

表示清除 div 元素动画队列中的所有动画，但允许立即完成当前动画的播放。

任务实现

根据任务需求完成左进左出导航菜单的开发，具体实现步骤如下。

① 创建 css 目录，并在该目录中创建 leftMenuBar.css 文件。

② 创建 LeftMenu.html 文件，编写页面结构并引入 jquery-3.6.4.min.js 文件、leftMenuBar.css 文件和 Font Awesome 图标库的 css 文件，具体代码如下。

```
1   <!DOCTYPE html>
2   <html>
3   <head>
4     <meta charset="UTF-8">
5     <title>左进左出导航菜单</title>
6     <link rel="stylesheet" href="css/leftMenuBar.css">
7     <link rel="stylesheet" href="https://cdnjs.cloudflare.com/ajax/libs/font-
    awesome/5.15.3/css/all.min.css">
8   </head>
9   <body>
10    <div class="content">
11      <div class="content-left">
12        <div class="left-title"><a href="#">外卖点餐后台管理</a></div>
13        <!-- 分割线 -->
14        <div class="seg"></div>
15        <!-- 导航菜单 -->
16        <div class="nav">
17          <!-- 菜单项 -->
18          <div class="nav-menu">
19            <div class="nav-home"><i class="fas fa-home"></i>首页管理</div>
20            <!-- 一级菜单项 -->
21            <div class="nav-title"><i class="fas fa-leaf"></i>菜品管理</div>
22            <!-- 二级菜单项 -->
23            <div class="nav-content">
24              <a href="#">菜品列表</a>
25              <a href="#">添加菜品</a>
26            </div>
27          </div>
28          <div class="nav-menu">
29            <div class="nav-title"><i class="fas fa-gift"></i>套餐管理</div>
30            <div class="nav-content">
31              <a href="#">套餐列表</a>
32              <a href="#">添加套餐</a>
```

```
33            </div>
34          </div>
35          <div class="nav-menu">
36            <div class="nav-title"><i class="fas fa-shopping-cart"></i>订单管理
    </div>
37            <div class="nav-content">
38              <a href="#">订单列表</a>
39              <a href="#">添加订单</a>
40            </div>
41          </div>
42          <div class="nav-menu">
43            <div class="nav-title"><i class="fas fa-user"></i>员工管理</div>
44            <div class="nav-content">
45              <a href="#">员工列表</a>
46              <a href="#">添加员工</a>
47            </div>
48          </div>
49        </div>
50      </div>
51    </div>
52    <script src="jquery-3.6.4.min.js"></script>
53  </body>
54  </html>
```

在上述代码中，第 16～49 行代码创建了一个外卖点餐后台管理系统的导航菜单，该导航菜单的一级菜单项包括首页管理、菜品管理、套餐管理、订单管理和员工管理，除了首页管理菜单项，其他 4 个菜单项中都包含两个二级菜单项。

③ 在 css 目录中的 leftMenuBar.css 文件中编写样式代码，具体代码如下。

```
1   .content {
2     height: 100vh;
3     width: 100%;
4   }
5   .content i {
6     margin-right: 10px;
7   }
8   .content i {
9     margin-right: 10px;
10  }
11  .content .content-left {
12    width: 20%;
13    height: 100%;
14    float: left;
```

```
15    background-color:#333;
16  }
17  .content .content-left a {
18    text-decoration: none;
19    color: #fff;
20  }
21  .content .content-left .left-title {
22    width: 100%;
23    height: 60px;
24    font-size: 24px;
25    line-height: 60px;
26    text-align: center;
27  }
28  .content .content-left .seg {
29    width: 100%;
30    height: 2px;
31    background-color: rgba(0, 0, 0, .2);
32  }
33  .content .nav-title {
34    width: 100%;
35    height: 60px;
36    line-height: 50px;
37    font-size: 16px;
38    text-align: center;
39    cursor: pointer;
40    color: #fff;
41  }
42  .content .nav-title:hover {
43    background-color: #27ba9b;
44  }
45  .content .nav-home {
46    width: 100%;
47    height: 60px;
48    line-height: 50px;
49    font-size: 16px;
50    text-align: center;
51    cursor: pointer;
52    color: #fff;
53  }
54  .content .nav-home:hover {
55    background-color: #27ba9b;
56  }
57  .content .nav-content {
```

```
58    display: none;
59  }
60  .content .nav-content a {
61    width: 100%;
62    height: 50px;
63    line-height: 50px;
64    font-size: 12px;
65    text-align: center;
66    background-color: rgba(247, 246, 246, 0.1);
67    color: #fff;
68    display: block;
69  }
70  .content a:hover {
71    background-color: #27ba9b;
72    color: #fff;
73  }
```

在上述代码中，第 1~4 行代码用于设置.content 类元素铺满整个屏幕；第 17~20 行代码用于取消二级菜单项的文本装饰线，并将背景颜色设置为白色；第 42~44 行代码用于实现当鼠标指针悬停在一级菜单项上时，其背景颜色变为深绿色的效果。

④ 在步骤②的第 52 行代码的下方编写逻辑代码，实现外卖点餐后台管理系统中导航菜单左进左出的效果，具体代码如下。

```
1  <script>
2    $('.nav-title').on('click', function () {
3      $(this).next('.nav-content').stop().toggle(500).parent().siblings('.nav-
  menu').children('.nav-content').hide(500);
4    });
5  </script>
```

在上述代码中，第 2~4 行代码用于为.nav-title 类元素注册 click 事件。其中，第 3 行代码中的$(this).next('.nav-content').stop().toggle(500)用于在 500 毫秒内切换二级菜单项的显示或隐藏，调用 stop()方法可以防止用户连续单击一级菜单项，导致的二级菜单项内容的显示与隐藏效果冲突；parent().siblings('.nav-menu').children('.nav-content').hide(500)用于隐藏其他一级菜单项的二级菜单项内容。

保存上述代码，在浏览器中打开 LeftMenu.html 文件，在导航菜单中单击"订单管理"的效果如图 2-9 所示。

单击"订单管理"菜单项后，该菜单项下面的二级菜单项"订单列表"和"添加订单"会从左侧滑入屏幕，再次单击"订单管理"菜单项时，二级菜单项将会从左侧滑出屏幕，说明实现了左进左出导航菜单的效果。

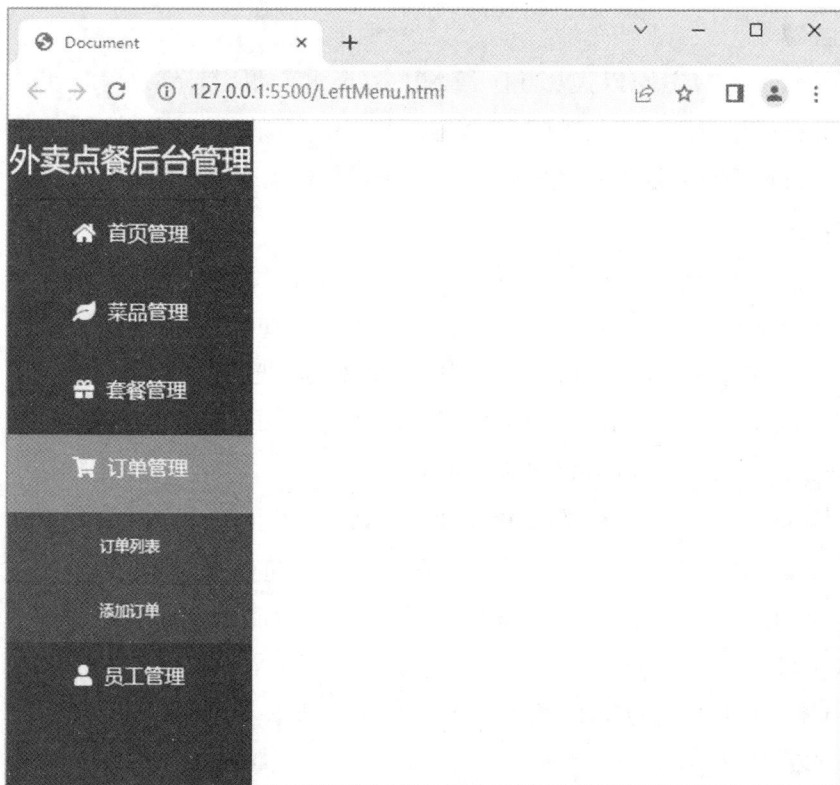

图2-9　在导航菜单中单击"订单管理"的效果

本章小结

本章主要讲解如何利用 jQuery 实现多样化菜单，通过任务讲解 jQuery 中显示和隐藏元素的方法、查找元素的方法、获取元素索引的方法、根据索引取出元素的方法、停止动画的方法，并运用这些知识完成下拉菜单、折叠式菜单、热卖展示菜单和左进左出导航菜单的开发。通过本章的学习，读者应能够掌握如何使用 jQuery 开发多样化菜单。

课后习题

一、填空题

1. 在 jQuery 中使用_____方法可以获取元素的索引。
2. 在 jQuery 中使用_____方法可以停止动画。
3. 在 jQuery 中使用_____方法可以根据索引取出元素。
4. 在 jQuery 中使用_____方法可以使元素在显示和隐藏之间切换。

二、判断题

1. 使用 siblings()方法可以获取当前元素集中每个元素的所有兄弟元素。（   ）

2. 使用 prev()方法可以获取当前元素集中每个元素紧邻的后一个兄弟元素。（   ）

3. 使用 find()方法获取当前元素集中每个元素的后代元素。（   ）

三、选择题

1. 下列选项中，用于获取当前元素集中每个元素的直接父元素的方法是（   ）。

    A. siblings()   B. next()   C. parent()   D. prev()

2. 下列选项中，用于获取当前元素集中每个元素的祖先元素的方法是（   ）。

    A. parent()   B. prev()   C. siblings()   D. parents()

3. 下列选项中，用于隐藏元素的方法是（   ）。

    A. stop()   B. hide()   C. index()   D. show()

4. 下列选项中，用于获取当前元素的所有直接子元素的方法是（   ）。

    A. next()   B. children()   C. parent()   D. siblings()

四、简答题

简述 index()方法和 eq()方法的区别。

五、操作题

在有序列表中定义 3 个列表项，然后使用 jQuery 实现单击某个列表项时，弹出该列表项在列表中的索引值。

第 3 章

jQuery实现页面交互（上）

学习目标

知识目标	● 掌握元素 class 属性操作，能够灵活应用操作元素 class 属性的方法 ● 掌握元素过滤操作，能够灵活应用元素过滤方法 ● 掌握浏览器事件，能够灵活应用常用的浏览器事件 ● 掌握元素位置操作，能够灵活应用元素位置操作 ● 掌握 fadeTo() 的使用方法，能够使用 fadeTo() 调整元素的不透明度 ● 掌握元素内容操作，能够灵活应用元素内容操作 ● 掌握元素追加操作，能够灵活应用元素追加操作
技能目标	● 掌握 Tab 栏切换的实现方法，能够完成 Tab 栏切换的开发 ● 掌握返回页面顶部的实现方法，能够完成返回页面顶部的开发 ● 掌握高亮显示图像的实现方法，能够完成高亮显示图像的开发 ● 掌握留言板的实现方法，能够完成留言板的开发

在网页开发中，开发具有交互效果的页面可以提升用户的使用体验，增强页面的可用性、可视性和吸引力。jQuery 为开发者提供了许多便捷的方法，使得页面交互效果的开发更加简单和高效。本章将讲解如何使用 jQuery 实现页面交互。

任务 3.1　Tab 栏切换

任务需求

某在线教育公司正在开发一个 IT 教育网站，在开发过程中，需要实现 Tab 栏切换的页面交互效果，当用户单击 Tab 栏中的选项卡时，显示选项卡对应的内容。其中，Tab 栏中的选项卡为学科名称，主要包括 Java、大数据、Python、Web 前端、Android、C/C++、PHP。

Tab 栏的效果如图 3-1 所示。

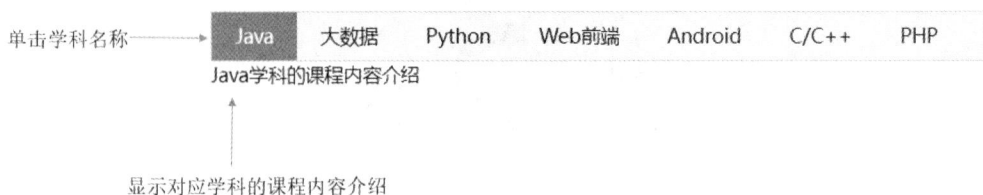

图3-1   Tab栏的效果

知识储备

1. 元素 class 属性操作

在网页开发中，若要改变元素的样式，除了直接设置元素的样式，还可以通过 class 属性改变样式。jQuery 提供了一些操作元素 class 属性的方法，如表 3-1 所示。

表 3-1   操作元素 class 属性的方法

方法	说明
addClass(className)	为所有匹配的元素添加指定类
removeClass([className])	从所有匹配的元素中删除全部类或者指定类。如果省略 className，删除全部类；否则，删除指定类
hasClass(className)	检查当前的元素中是否含有指定类，如果有，则返回 true，否则返回 false
toggleClass(className)	为所有匹配的元素切换指定类。在切换时，若类存在则删除，不存在则添加

参数 className 表示类，多个类用空格分隔。

为了让读者掌握元素 class 属性的操作方法，下面通过代码进行演示，示例代码如下。

```
1  <body>
2   <div class="menu">菜单</div>
3   <script>
4     // 为元素添加一个类
5     $('.menu').addClass('first-class');
6     // 为元素添加多个类
7     $('.menu').addClass('second-class third-class');
8     // 从元素中删除一个类
9     $('.menu').removeClass('first-class');
10    // 从元素中删除多个类
11    $('.menu').removeClass('second-class third-class');
12    // 为元素切换一个类
13    $('.menu').toggleClass('first-class');
14    // 为元素切换多个类
```

```
15      $('.menu').toggleClass('second-class third-class');
16    </script>
17  </body>
```

在上述示例代码中，当运行第 5、7 行代码后，div 元素的 class 属性值会增加 first-class、second-class 和 third-class；当运行第 9、11 行代码后，div 元素的 class 属性值只剩 menu；当运行第 13、15 行代码后，div 元素的 class 属性值会再次增加 first-class、second-class 和 third-class。

2. 元素过滤操作

在 jQuery 中使用选择器可以获取满足某个条件的元素，jQuery 还提供了一些过滤元素的方法，用于快速获取元素。下面列举 jQuery 中常用的元素过滤方法，如表 3-2 所示。

表 3-2　jQuery 中常用的元素过滤方法

方法	说明
eq(index)	根据索引 index 取出元素
filter(selector|obj|ele|fn)	使用选择器 selector、jQuery 对象 obj、元素 ele 或函数 fn 完成指定元素的筛选
is(selector|obj|ele|fn)	根据选择器 selector、jQuery 对象 obj、元素 ele 或函数 fn 检查当前匹配的一组元素，如果这些元素中至少有一个与给定的参数匹配，则返回 true
has(selector|ele)	根据选择器 selector、元素 ele 保留包含特定后代元素的元素，去掉不含有特定后代元素的元素
slice(start[, end])	根据索引范围选择元素集合中的子集，参数 start 表示开始索引，参数 end 表示结束索引，如果省略参数 end，则表示从指定的索引位置开始，截取到最后一个元素
first()	获取当前元素集中的第一个元素
last()	获取当前元素集中的最后一个元素

eq()方法已在第 2 章讲过；filter()方法可以接收函数 fn 作为参数，is()方法也可以接收函数 fn 作为参数，当在 is()方法中传入函数 fn 时，该函数会被应用到每个匹配的元素上。

下面以 filter()方法为例，演示如何在方法中接收函数 fn 作为参数，示例代码如下。

```
1  <body>
2    <p>这是一个段落</p>
3    <p class="my-class">这是一个段落</p>
4    <script>
5      $('p').filter(function() {
6        return $(this).hasClass('my-class');
7      }).css('background-color', 'pink');
8    </script>
9  </body>
```

在上述示例代码中，第 5～7 行代码调用 filter()方法和 css()方法对 p 元素进行过滤和设置样式，filter()方法接收一个函数作为参数，这个函数用于判断 p 元素是否被过滤保留，如果 p 元素中包含.my-class 类，则保留该元素，并将该元素的背景颜色设置为粉红色。

上述示例代码运行后，filter()方法实现的页面效果如图 3-2 所示。

这是一个段落

这是一个段落

图3-2   filter()方法实现的页面效果

在图 3-2 所示页面中，显示了两行"这是一个段落"，其中第 2 行的段落被设置了背景颜色，说明成功过滤元素。

任务实现

根据任务需求完成 Tab 栏切换的开发，具体实现步骤如下。

① 创建 D:\jQuery\chapter03 目录，将 jquery-3.6.4.min.js 文件放入该目录，并使用 VS Code 编辑器打开该目录。

② 创建 tabSwitch.html 文件，编写页面结构并引入 jquery-3.6.4.min.js 文件，具体代码如下。

```
1  <!DOCTYPE html>
2  <html>
3  <head>
4    <meta charset="UTF-8">
5    <title>Tab 栏切换</title>
6  </head>
7  <body>
8    <div class="tab">
9      <div class="tab-list">
10       <ul>
11         <li class="current">Java</li>
12         <li>大数据</li>
13         <li>Python</li>
14         <li>Web 前端</li>
15         <li>Android</li>
16         <li>C/C++</li>
17         <li>PHP</li>
18       </ul>
19     </div>
20     <div class="tab-con">
21       <div class="item">Java 学科的课程内容介绍</div>
22       <div class="item">大数据学科的课程内容介绍</div>
```

```
23        <div class="item">Python 学科的课程内容介绍</div>
24        <div class="item">Web 前端学科的课程内容介绍</div>
25        <div class="item">Android 学科的课程内容介绍</div>
26        <div class="item">C/C++学科的课程内容介绍</div>
27        <div class="item">PHP 学科的课程内容介绍</div>
28      </div>
29    </div>
30    <script src="jquery-3.6.4.min.js"></script>
31  </body>
32  </html>
```

在上述代码中，第 9～19 行代码用于定义 Tab 栏中的选项卡列表，第 20～28 行代码用于定义 Tab 栏选项卡对应的内容。

③ 在步骤②的第 5 行代码的下方编写样式代码，具体代码如下。

```
1   <style>
2     ul {
3       margin: 0;
4       padding: 0;
5     }
6     li {
7       list-style-type: none;
8     }
9     .tab {
10      width: 650px;
11      margin: 100px auto;
12    }
13    .tab-list {
14      height: 39px;
15      border: 1px solid #ccc;
16      background-color: #f1f1f1;
17    }
18    .tab-list li {
19      float: left;
20      height: 39px;
21      line-height: 39px;
22      padding: 0 20px;
23      text-align: center;
24      cursor: pointer;
25    }
26    .tab-list .current {
27      background-color: #39c;
28      color: #fff;
29    }
30    .item_info {
```

```
31      padding: 20px 0 0 20px;
32    }
33    .tab-con .item {
34      display: none;
35    }
36    .tab-con .current {
37      display: block;
38    }
39  </style>
```

在上述代码中，第 2～5 行代码用于取消列表的外边距和内边距；第 6～8 行代码用于去除列表项的默认列表标记；第 18～25 行代码用于设置.tab-list 类的元素中的 li 元素为左浮动，高度为 39px，行高为 39px，左、右内边距为 20px，文本居中对齐，鼠标指针移动到元素上时变成手形图标；第 33～35 行代码用于隐藏所有选项卡的内容；第 36～38 行代码用于显示当前被选中的选项卡的内容。

④ 在步骤②的第 30 行代码的下方编写逻辑代码，首先使用 on()方法注册 click 事件，实现单击元素时添加类，并移除其他兄弟元素的类，然后获取被单击元素在其兄弟元素中的索引，显示具有相同索引的元素内容，同时隐藏其他兄弟元素的内容，具体代码如下。

```
1  <script>
2    $('.tab-list li').on('click', function () {
3      $(this).addClass('current').siblings().removeClass('current');
4      var index = $(this).index();
5      $('.tab-con .item').eq(index).show().siblings().hide();
6    });
7  </script>
```

在上述代码中，第 2～6 行代码用于获取 Tab 栏中的 li 元素并注册 click 事件。其中，第 3 行代码首先调用 addClass()方法添加 current 类，然后调用 siblings()方法获取兄弟元素，并调用 removeClass()方法移除所有兄弟元素的 current 类；第 4 行代码调用 index()方法获取当前元素的索引；第 5 行代码中的 eq()方法和 show()方法用于显示被选中的选项卡对应的内容，siblings()方法和 hide()方法用于隐藏其他选项卡对应的内容。

保存上述代码后，在浏览器中打开 tabSwitch.html 文件，Tab 栏切换的效果如图 3-3 所示。

图3-3　Tab栏切换的效果（1）

其中，默认选中 Tab 栏中的 Java 选项卡，该选项卡下方显示对应的内容。当单击"Web 前端"选项卡时，Tab 栏切换的效果如图 3-4 所示。

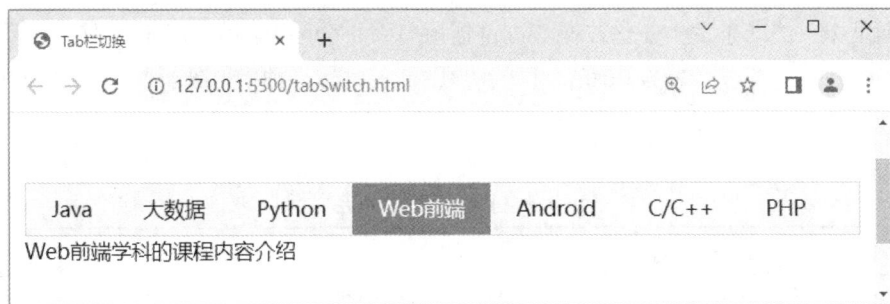

图3-4　Tab栏切换的效果（2）

从上可知，当切换 Tab 栏中的选项卡时，选项卡对应的内容也会变化，说明实现了 Tab 栏切换的效果。

任务 3.2　返回页面顶部

任务需求

在网页开发中，当页面需要显示的内容较多时，通常会设计返回页面顶部的功能，该功能可以方便用户快速回到页面的顶部，从而使用户更加轻松地浏览网页。

前端开发实习生小超发现他们团队中的某个项目页面很长，经常需要上下滚动，操作起来比较烦琐，于是小超提出了项目页面的优化建议：在页面右下角提供一个用于返回页面顶部的超链接，当向下滚动页面时，该超链接就会显示，单击该超链接即可立即返回页面顶部，效果如图 3-5 所示。

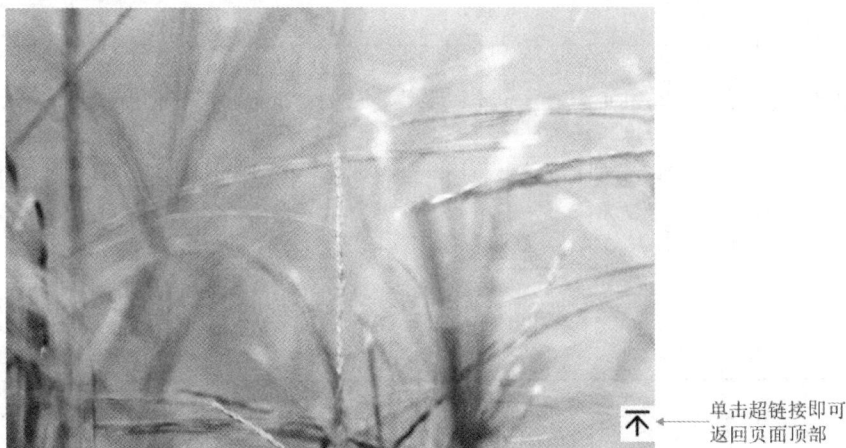

单击超链接即可
返回页面顶部

图3-5　页面右下角出现返回页面顶部的超链接的效果

知识储备

1. 浏览器事件

在网页中，滚动条发生变化或调整浏览器窗口大小会触发浏览器事件。使用浏览器事件可以捕捉用户的操作，并触发相应的事件处理函数，以便处理浏览器之间的兼容问题，常用的浏览器事件如表 3-3 所示。

表 3-3　常用的浏览器事件

事件类型	说明
scroll	当滚动条发生变化时触发
resize	当调整浏览器窗口大小时触发

为了让读者更好地掌握浏览器事件的使用方法，下面以 resize 事件为例进行演示，示例代码如下。

```
1  <script>
2    $(window).on('resize', function () {
3      console.log('当调整浏览器窗口大小时触发');
4    });
5  </script>
```

上述示例代码中，通过 resize 事件监听浏览器窗口大小的调整，当浏览器窗口大小被调整时，控制台会输出"当调整浏览器窗口大小时触发"。

2. 元素位置操作

元素位置操作本质上属于元素样式操作。jQuery 提供了一些简洁且高效的方法用于获取和设置元素的位置，常用的元素位置操作方法如表 3-4 所示。

表 3-4　常用的元素位置操作方法

方法	说明
offset([coordinates])	设置或获取元素的位置。当省略参数 coordinates 时，该方法返回一个对象，该对象包含 left 属性和 top 属性；当传入参数 coordinates 时，表示使用 coordinates 对象设置元素的位置
scrollTop([value])	设置或获取元素垂直方向滚动的距离。当省略参数 value 时，该方法将返回第一个匹配元素的滚动条的垂直位置；当传入参数 value 时，表示设置所有匹配元素的滚动条垂直位置为该参数
scrollLeft([value])	设置或获取元素水平方向滚动的距离。当省略参数 value 时，该方法将返回第一个匹配元素的滚动条的水平位置；当传入参数 value 时，表示设置所有匹配元素的滚动条水平位置为该参数

在 offset() 方法返回的对象中，top 属性表示要设置的元素相对于文档顶部的偏移量，left 属性表示要设置的元素相对于文档左侧的偏移量。

　　为了让读者更好地掌握 jQuery 中常用的位置操作方法，下面以 scrollTop()方法和 scrollLeft()
方法为例，演示如何获取和设置元素垂直和水平方向滚动的距离，示例代码如下。

```
1   <head>
2     <style>
3       .container {
4         width: 80px;
5         height: 80px;
6         background-color: pink;
7         overflow: scroll;
8       }
9       .son {
10        width: 200px;
11        height: 200px;
12      }
13    </style>
14  </head>
15  <body>
16    <div class="container">
17      <div class="son"></div>
18    </div>
19    <button>获取</button>
20    <script>
21      $('button').on('click', function () {
22        // 获取元素水平方向滚动的距离
23        console.log($('.container').scrollLeft());
24        // 获取元素垂直方向滚动的距离
25        console.log($('.container').scrollTop());
26      });
27      // 设置元素水平方向滚动的距离
28      $('.container').scrollLeft(80);
29      // 设置元素垂直方向滚动的距离
30      $('.container').scrollTop(100);
31    </script>
32  </body>
```

　　在上述示例代码中，第 3~12 行代码用于设置页面样式，第 16~18 行代码定义了两个
div 元素，第 19 行代码定义了一个按钮，第 21~26 行代码用于获取 button 元素水平和垂直
方向滚动的距离并为该元素注册 click 事件，第 28 行代码用于设置元素滚动至水平方向 80px
的位置，第 30 行代码用于设置元素滚动至垂直方向 100px 的位置。

　　运行上述示例代码后，页面会显示一个粉红色的盒子和一个"获取"按钮，单击"获取"
按钮后，控制台会输出"80 100"，分别表示元素水平和垂直方向滚动的距离。

任务实现

根据任务需求完成返回页面顶部功能的开发，具体实现步骤如下。

① 创建 returnTop.html 文件，编写页面结构并引入 jquery-3.6.4.min.js 文件，具体代码如下。

```
1   <!DOCTYPE html>
2   <html>
3   <head>
4     <meta charset="UTF-8">
5     <title>返回页面顶部</title>
6   </head>
7   <body>
8     <div class="content">请下拉滚动条</div>
9     <a href="#" class="to-top"><img src="image/toTop.png" alt=""></a>
10    <script src="jquery-3.6.4.min.js"></script>
11  </body>
12  </html>
```

在上述代码中，第 8 行代码定义了一个<div>标签，用于提示用户下拉滚动条，第 9 行代码创建了一个包含图像的返回顶部超链接。

② 在步骤①的第 5 行代码的下方编写样式代码，具体代码如下。

```
1   <style>
2     .content {
3       height: 2000px;
4       font-size: 30px;
5       line-height: 10;
6       color: #111;
7       text-align: center;
8       background-image: url("image/bg.png");
9     }
10    .to-top {
11      position: fixed;
12      right: 10px;
13      bottom: -40px;
14    }
15  </style>
```

在上述代码中，第 2～9 行代码用于设置.content 类元素的高度为 2000px，字号为 30px，行高为 10 倍，文本颜色为深灰色，文本居中对齐以及背景图像；第 10～14 行代码用于设置.to-top 类元素的位置相对于浏览器窗口固定不变，并且该元素距离浏览器窗口右侧 10px、距离浏览器窗口底部-40px。

③ 在步骤①的第 10 行代码的下方编写逻辑代码，实现返回页面顶部的功能，具体代码

如下。

```
1   <script>
2     $(window).on('scroll', function () {
3       if ($(this).scrollTop() > 300){
4         $('.to-top').css('bottom', '10px');
5       } else {
6         $('.to-top').css('bottom', '-40px');
7       }
8     });
9     $('.to-top').on('click', function () {
10      $(document).scrollTop(0);
11      return false;
12    });
13  </script>
```

在上述代码中，第 2～8 行代码用于监听 scroll 事件，其中，第 3～7 行代码通过 if…else 语句判断滚动条的滚动距离，当滚动距离大于 300px 时，将元素的底部外边距设置为 10px，当滚动距离小于或等于 300px 时，将元素的底部外边距设置为-40px。

第 9～12 行代码用于注册 click 事件，scrollTop()方法中的参数为 0，表示将滚动条的垂直滚动距离设置为 0，从而使页面滚动至顶部。

保存上述代码，在浏览器中打开 returnTop.html 文件，返回页面顶部的效果如图 3-6 所示。

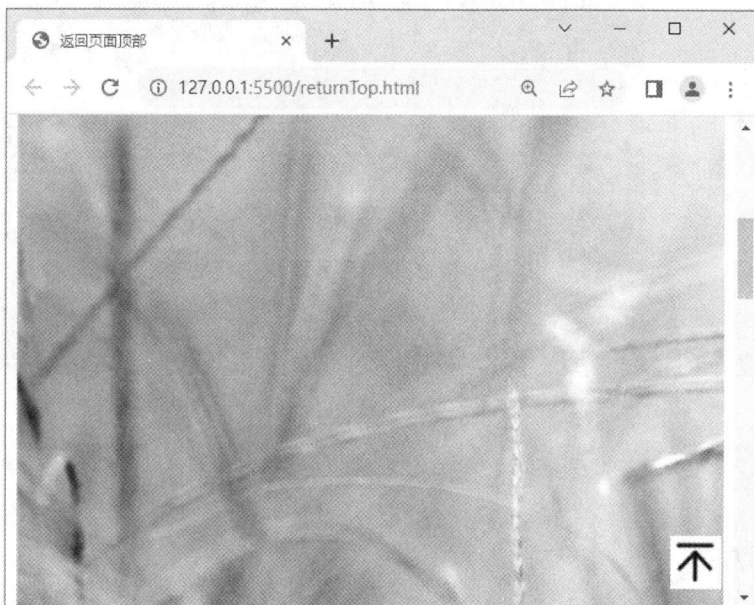

图3-6　返回页面顶部的效果

当页面向下滚动到 300px 时，页面右下角会出现返回顶部超链接，单击该超链接即可返回页面顶部。

任务 3.3 高亮显示图像

任务需求

世界环境日为每年的 6 月 5 日，设立这个特殊的日子旨在增强全球对环境问题的认识，鼓励人们用实际行动来保护地球上的自然资源和生态系统。为了提高学生的环保意识，倡导学生积极参与环境保护，某高校计划在学校官网中增加一个校园环保页面。

在校园环保页面的开发过程中，负责人提出了要求：设计一个显示垃圾分类图像的区域，该区域能够同时显示可回收物图像、有害垃圾图像、厨余垃圾图像和其他垃圾图像；当鼠标指针移入某张图像时，其他图像半透明显示，从而使鼠标指针移入的图像高亮显示。

高亮显示图像的效果如图 3-7 所示。

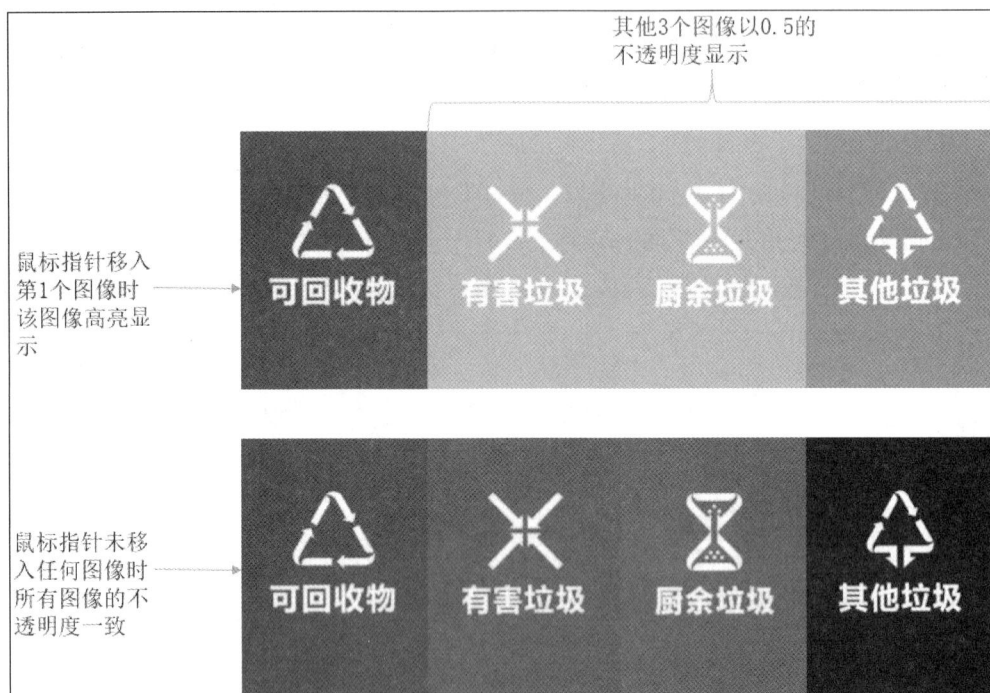

图3-7　高亮显示图像的效果

知识储备

fadeTo()方法

在 jQuery 中 fadeTo()方法用于设置元素的不透明度，使用 fadeTo()方法可以使元素的不透明度逐渐过渡到指定的值。fadeTo()方法的语法格式如下。

```
fadeTo(duration, opacity[, complete])
```

其中，参数 duration 可以是数字或字符串。当是数字时，表示过渡的持续时间，单位为毫秒；当是字符串时，表示预设的过渡效果，slow 表示较慢的过渡效果，fast 表示较快的过渡效果。参数 opacity 用于设置元素的不透明度，该参数的取值范围是 0～1，其中，0 表示完全透明，0.5 表示 50%不透明，1 表示完全不透明。参数 complete 为可选参数，表示过渡完成后执行的回调函数。

为了让读者更好地掌握 fadeTo()方法，下面通过代码进行演示，实现鼠标指针移入第 1 个 div 元素时，该元素高亮显示，第 2 个 div 元素以 0.5 的不透明度显示的效果，示例代码如下。

```
1  <head>
2    <style>
3      div { width: 100px; height: 100px; float: left; margin-left: 5px; }
4      .first-box { background-color: green; }
5      .second-box { background-color: red; }
6    </style>
7  </head>
8  <body>
9    <div class="first-box"></div>
10   <div class="second-box"></div>
11   <script>
12     $('div').on('mouseover', function () {
13       $(this).fadeTo('slow', 1);
14     }).on('mouseout', function (){
15       $(this).fadeTo('slow', 0.5);
16     });
17   </script>
18 </body>
```

在上述示例代码中，第 3～5 行代码用于设置页面样式；第 9～10 行代码定义了两个 div 元素，用于在页面中显示 2 个盒子；第 12～16 行代码用于获取 div 元素，并注册 mouseover 事件和 mouseout 事件，当鼠标指针移入 div 元素时，div 元素以较慢的速度高亮显示，当鼠标指针移出 div 元素时，div 元素的不透明度以较慢的速度过渡到 0.5。

上述示例代码运行后，页面会显示 2 个盒子，第 1 个盒子为绿色，第 2 个盒子为红色，并且这两个盒子的不透明度相同。当鼠标指针移入其中某个盒子时，该盒子会高亮显示，当鼠标指针移出该盒子时，该盒子以 0.5 的不透明度显示。说明使用 fadeTo()方法可以实现元素不透明度逐渐过渡到指定值的效果。

任务实现

根据任务需求实现高亮显示图像的效果，具体实现步骤如下。

① 创建 highLight.html 文件，编写页面结构并引入 jquery-3.6.4.min.js 文件，具体代码如下。

```
1   <!DOCTYPE html>
2   <html>
3   <head>
4     <meta charset="UTF-8">
5     <title>高亮显示图像</title>
6   </head>
7   <body>
8     <div class="box">
9       <ul>
10        <li><a href="#"><img src="image/recyclable.png" alt=""></a></li>
11        <li><a href="#"><img src="image/harmfulWaste.png" alt=""></a></li>
12        <li><a href="#"><img src="image/kitchenWaste.png" alt=""></a></li>
13        <li><a href="#"><img src="image/otherWaste.png" alt=""></a></li>
14      </ul>
15    </div>
16    <script src="jquery-3.6.4.min.js"></script>
17  </body>
18  </html>
```

在上述代码中，第 9~14 行代码创建了一个包含 4 个垃圾分类图像的列表。

② 在步骤①的第 5 行代码的下方编写样式代码，具体代码如下。

```
1   <style>
2     .box {
3       height: 700px;
4       width: 700px;
5       margin: 100px auto 0;
6     }
7     .box img {
8       display: block;
9     }
10    .box li {
11      float: left;
12    }
13    ul {
14      list-style: none;
15    }
16  </style>
```

在上述代码中，第 2~6 行代码用于设置.box 类元素的高度和宽度都为 700px，并且水平居中，上外边距为 100px，下外边距为 0；第 7~9 行代码用于将.box 类元素中的 img 元素以块级元素显示；第 10~12 行代码用于将.box 类元素中的 li 元素设置为左浮动；第 13~15 行代码用于去除 ul 元素的默认列表标记样式。

③ 在步骤①的第 16 行代码的下方编写逻辑代码，实现垃圾分类图像高亮显示的效果，

具体代码如下。

```
1  <script>
2  $('.box li').on('mouseover', function () {
3    $(this).siblings().stop().fadeTo(1000, 0.5);
4  }).on('mouseout', function () {
5    $(this).siblings().stop().fadeTo(1000, 1);
6  });
7  </script>
```

在上述代码中，第 2～6 行代码首先获取所有.box 类元素中的 li 元素，然后调用两次 on()
方法为其注册 mouseover 事件和 mouseout 事件。

在 mouseover 事件处理函数中，使用$(this)获取当前 li 元素，然后调用 siblings()方法获
取 li 元素的其他兄弟元素，并调用 stop()方法停止 li 元素的其他兄弟元素当前正在进行的动
画，最后调用 fadeTo()方法使 li 元素的其他兄弟元素的不透明度在 1000 毫秒内过渡到 0.5。

在 mouseout 事件处理函数中，同样是先获取当前 li 元素的其他兄弟元素，停止它们当
前正在进行的动画，使 li 元素的其他兄弟元素在 1 秒的时间内恢复到完全不透明。

保存上述代码，在浏览器中打开 highLight.html 文件，高亮显示图像的初始页面如图 3-8
所示。

图3-8　高亮显示图像的初始页面

图 3-8 显示了可回收物、有害垃圾、厨余垃圾和其他垃圾的图像，并且不透明度都相同。
鼠标指针移入第 1 个图像后的效果如图 3-9 所示。

图3-9　鼠标指针移入第一个图像后的效果

当鼠标指针移入第 1 个图像时，该图像会高亮显示，其他 3 个图像均以 0.5 的不透明度显示，说明实现了高亮显示图像的效果。

任务 3.4　留言板

任务需求

在社区、博客等网站中，留言板功能被广泛应用。用户通过留言板可以分享个人观点和意见、提出问题、回答疑问等。这种交互性的功能可以使用户社区更活跃，提升用户的参与感。

职场新人李明负责公司的前端页面开发工作，最近公司承接了一个公共服务机构的网站开发项目。这个网站旨在提供优质的公共服务，让用户不仅能够轻松地访问和获取所需信息，还可以在网站中留言。项目经理安排李明为该网站开发留言板功能。

留言板需包含留言板标题、留言展示区、留言输入区和"发表留言"按钮。用户输入留言并单击"发表留言"按钮后，留言将显示在留言展示区，且留言中将自动生成一个用户编号。最新发布的留言展示在最顶部。

留言板的效果如图 3-10 所示。

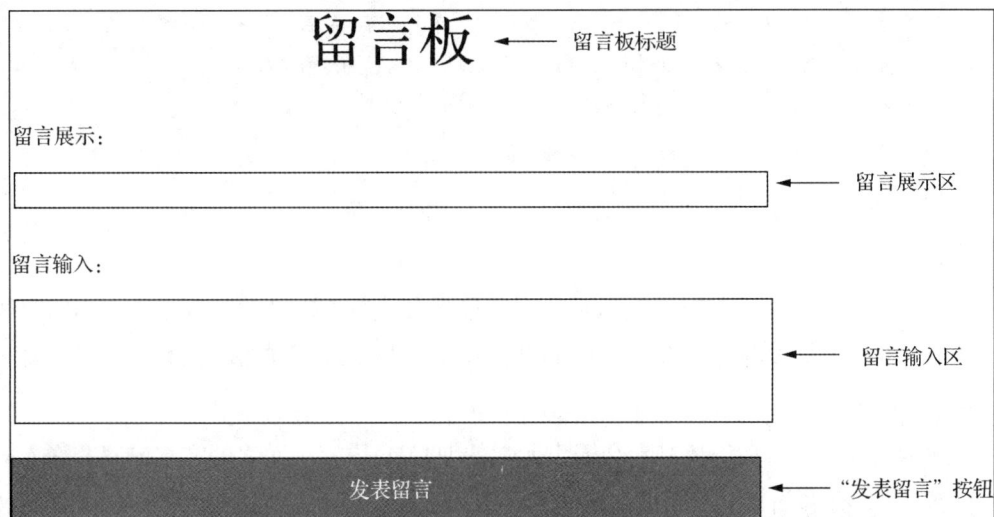

图3-10　留言板的效果

知识储备

1. 元素内容操作

在 jQuery 中，元素内容操作是指对元素的 HTML 内容、文本内容或值进行操作。jQuery 提供了多个方法用于操作元素内容，从而快速实现页面效果。下面列举 jQuery 中操作元素内容的方法，如表 3-5 所示。

表 3-5　jQuery 中操作元素内容的方法

方法	说明
html([htmlString])	获取或设置匹配元素的 HTML 内容。当没有传入参数时，表示获取第 1 个匹配元素的 HTML 内容；当传入参数时，表示设置所有匹配元素的 HTML 内容为该参数
text([text])	获取或设置匹配元素的文本内容。当没有传入参数时，表示获取所有匹配元素包含的文本内容组合起来的文本；当传入参数时，表示设置所有匹配元素的文本内容为该参数
val([value])	获取或设置表单元素的值。当没有传入参数时，表示获取匹配元素的值；当传入参数时，表示设置匹配元素的值为该参数

当使用 val()方法获取的表单元素有多个值时，该方法返回一个包含多个值的数组，否则返回单个值。

为了让读者更好地掌握操作元素内容的方法，下面通过代码进行演示，示例代码如下。

```
1  <body>
2    <div>
3      <h1>演示元素内容操作</h1>
4    </div>
5    <input type="text" value="请输入内容">
6    <script>
7      console.log($('div').html()); // 输出内容为：<h1>演示元素内容操作</h1>
```

```
8        console.log($('div').text());        // 输出内容为: 演示元素内容操作
9        console.log($('input').val());       // 输出内容为: 请输入内容
10       $('div').html('<h1>演示元素内容操作</h1>');
11       $('h1').text('设置<h1>标签的内容');
12       $('input').val('123456');
13   </script>
14 </body>
```

在上述示例代码中，第 7~9 行代码用于获取元素的 HTML 内容、元素的文本内容和输入框的值，并输出到控制台；第 10~12 行代码用于设置元素的 HTML 内容、元素的文本内容和输入框的值。

上述示例代码执行后，控制台会输出元素的 HTML 内容、元素的文本内容和输入框的值，页面中会显示设置后的元素的文本内容，即"设置<h1>标签的内容"，以及一个输入框，该输入框的值为"123456"。页面效果如图 3-11 所示，控制台中的输出结果如图 3-12 所示。

图3-11 页面效果

图3-12 控制台中的输出结果

2. 元素追加操作

在 jQuery 中，元素追加操作是指将一个或多个元素插入指定元素的开头或末尾，通常是在现有的元素中追加子元素或兄弟元素。通过元素追加操作，可以在网页上动态添加新的内容。例如，当用户单击页面中的按钮后添加一条新的列表项。

jQuery 提供了元素追加的方法，用于快速实现元素的追加。常用的元素追加方法如表 3-6 所示。

表 3-6　常用的元素追加方法

分类	方法	说明
追加子元素	append(content|fn)	将指定内容插入匹配元素集中每个元素内部的末尾
	prepend(content|fn)	将指定内容插入匹配元素集中每个元素内部的开头
	appendTo(target)	将匹配元素集中的每个元素插入目标元素内部的末尾
	prependTo(target)	将匹配元素集中的每个元素插入目标元素内部的开头
追加兄弟元素	after(content|fn)	在匹配元素集中的每个元素之后插入指定的内容
	before(content|fn)	在匹配元素集中的每个元素之前插入指定的内容
	insertAfter(target)	在目标元素之后插入匹配元素集中的每个元素
	insertBefore(target)	在目标元素之前插入匹配元素集中的每个元素

参数 content 可以是元素、文本、元素集合、HTML 字符串或 jQuery 对象；参数 fn 是回调函数，该函数的返回值表示 content 内容；参数 target 表示目标元素，可以是选择器、HTML 字符串、元素、元素集合或 jQuery 对象。

为了让读者掌握元素追加方法，下面通过代码进行演示，示例代码如下。

```
1  <body>
2    <ul>
3      <li>元素 1</li>
4      <li>元素 2</li>
5    </ul>
6    <script>
7      $('ul').append('<li>元素 3</li>');
8      $('ul').before('<ul><li>元素 4</li></ul>');
9    </script>
10 </body>
```

在上述示例代码中，第 2~5 行代码用于定义无序列表的结构，第 7 行代码调用 append() 方法将 li 元素追加到 ul 元素的内部，第 8 行代码调用 before() 方法追加 ul 元素的兄弟元素。

上述示例代码运行后，元素追加操作后的页面如图 3-13 所示。

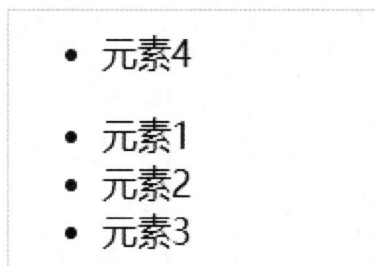

图3-13　元素追加操作后的页面

其中显示了两个无序列表，第 1 个无序列表是新追加的，第 2 个无序列表是原有的。第 1 个无序列表中多了"元素 4"，说明成功追加了 ul 元素的兄弟元素；第 2 个无序列表中多了

一项 "元素 3"，说明 li 元素已经成功追加到 ul 元素中。

任务实现

根据任务需求完成留言板的开发，具体实现步骤如下。

① 创建 messageBoard.html 文件，编写页面结构并引入 jquery-3.6.4.min.js 文件，具体代码如下。

```
1   <!DOCTYPE html>
2   <html>
3   <head>
4    <meta charset="UTF-8">
5    <title>留言板</title>
6   </head>
7   <body>
8    <h2>留言板</h2>
9    <div id="parent">
10     <h4>留言展示: </h4>
11     <div id="box"></div>
12     <h4>留言输入: </h4>
13     <textarea id="text"></textarea><br>
14     <input type="button" id="btn" value="发表留言">
15    </div>
16    <script src="jquery-3.6.4.min.js"></script>
17   </body>
18   </html>
```

在上述代码中，第 8 行代码用于设置留言板标题，第 9~15 行代码用于设置留言板的留言展示区、留言输入区和 "发表留言" 按钮。

② 在步骤①的第 5 行代码的下方编写样式代码，具体代码如下。

```
1   <style>
2   body {
3       margin-top: 70px;
4   }
5   #parent {
6       width: 600px;
7       margin: 0 auto;
8   }
9   h4 {
10      line-height: 40px;
11      margin-bottom: 10px;
12      color: #4e6ef2;
13  }
14  #box {
```

```
15      width: 580px;
16      padding: 25px 10px 0;
17      border: 1px solid #4e6ef2;
18      margin-bottom: 10px;
19      max-height: 450px;
20      overflow-y: auto;
21      word-break: break-all;
22  }
23  #text {
24      width: 100%;
25      height: 90px;
26      border: 1px solid #4e6ef2;
27      overflow: auto;
28  }
29  #btn {
30      width: 100%;
31      height: 50px;
32      margin: 20px auto 0px auto;
33  }
34  input {
35      background-color: #4e6ef2;
36      color: #fff;
37      font-size: 16px;
38  }
39  h2 {
40      width: 300px;
41      font-size: 50px;
42      color: #4e6ef2;
43      margin: 50px auto 0px auto;
44      text-align: center;
45  }
46  </style>
```

在上述代码中，第 9～13 行代码用于设置留言展示区每行的高度为 40px、下边距为 10px、文本颜色为蓝色。

第 14～22 行代码用于设置 id 为 box 的元素的宽度为 580px，顶部内边距为 25px，左、右内边距为 10px，边框宽度为 1px 且颜色为蓝色，下边距为 10px，最大高度为 450px。如果内容超出该高度，将出现纵向滚动条，并且自动换行。

第 23～28 行代码用于设置 id 为 text 的元素的宽度为 100%、高度为 90px、边框宽度为 1px 且颜色为蓝色。如果内容超出 90px 的高度，将出现纵向滚动条。

第 29～33 行代码用于设置 id 为 btn 的元素的宽度为 100%、高度为 50px、上边距为 20px、水平居中显示。

第 34～38 行代码用于设置 input 元素的背景颜色为蓝色、文本颜色为白色、字号为 16px。

③ 在步骤①的第 16 行代码下方编写逻辑代码，实现留言板功能，具体代码如下。

```
1  <script>
2    var num = 1;
3    $('#btn').on('click', function () {
4      var html = '<p><span>用户' + num + '留言: </span> ' + $('#text').val() + '</p>';
5      $('#box').prepend(html);
6      $('#text').val('');
7      ++num;
8    });
9  </script>
```

在上述代码中，第 2 行代码定义了一个变量 num，初始值为 1，表示用户编号。第 3～8 行代码用于获取 id 属性值为 btn 的元素并注册 click 事件。其中，第 4 行代码用于添加新的留言，并通过调用 val()方法获取留言输入区中用户输入的留言内容；第 5 行代码调用 prepend()方法将新的留言内容添加到留言展示区，实现最顶部展示最新留言内容的效果；第 6 行代码用于清空留言输入区中的内容，以便用户输入新的留言内容；第 7 行代码用于将用户编号自增。

保存上述代码，在浏览器中打开 messageBoard.html 文件，留言板的初始页面如图 3-14 所示。

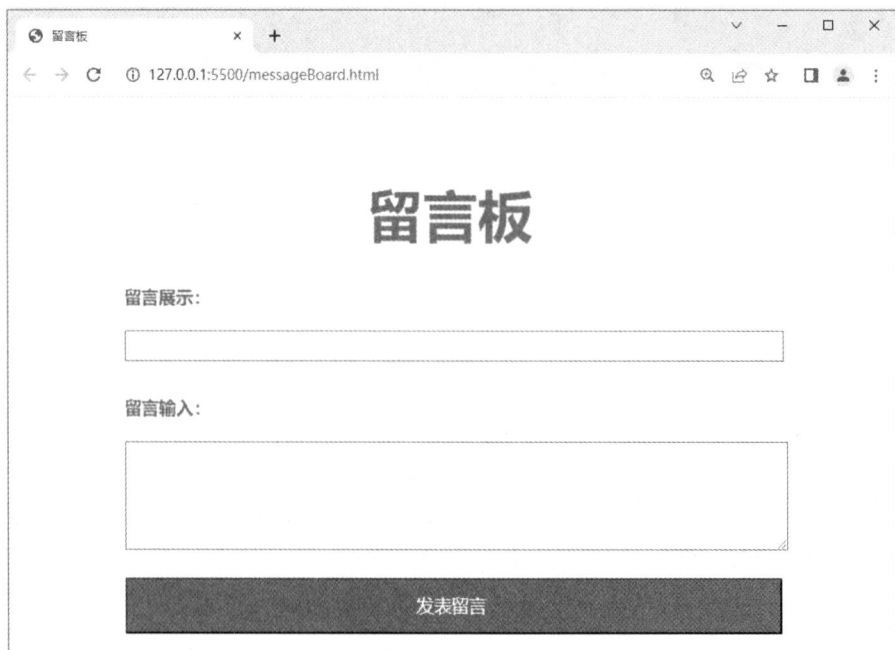

图3-14　留言板的初始页面

在其中输入两条留言内容，并单击"发表留言"按钮，发表留言后的页面如图 3-15 所示。

图3-15　发表留言后的页面

其中展示了两条留言内容，并且自动生成了用户编号，最新的留言内容展示在最顶部。

本章小结

本章主要讲解如何利用 jQuery 实现页面交互，首先讲解如何实现 Tab 栏切换效果和返回页面顶部功能，然后讲解高亮显示图像的实现方法，最后讲解留言板的实现方法。通过本章的学习，读者不仅能够掌握元素 class 属性操作、元素过滤操作、浏览器事件、元素位置操作，而且能够掌握 fadeTo() 方法的使用以及元素内容操作、元素追加操作。

课后习题

一、填空题

1. 在 jQuery 中使用_____方法可以为所有匹配的元素切换指定类。

2. 在 jQuery 中使用_____方法可以获取第 1 个匹配元素的 HTML 内容。

3. 在 jQuery 中使用_____方法可以获取匹配元素集中的最后一个元素。

4. 在 jQuery 中使用_____方法可以使元素的不透明度逐渐过渡到指定值。

二、判断题

1. 当调整浏览器窗口大小时会触发 resize 事件。（　　）

2. 不可以在兄弟元素中进行元素追加操作。（　　）

3. 使用 offset() 获取元素的位置后，返回的结果是一个对象。（　　　）

4. 使用 slice() 方法可以根据索引范围选择元素集合中的子集。（　　　）

三、选择题

1. 下列选项中，用于判断指定类是否存在的方法是（　　　）。

    A. addClass()　　　　B. toggleClass()　　　　C. removeClass()　　　D. hasClass()

2. 下列选项中，用于将指定的内容插入匹配元素集中每个元素内部的末尾的方法是（　　　）。

    A. prependTo()　　　　B. prepend()　　　　C. appendTo()　　　　D. append()

3. 下列选项中，用于设置元素垂直方向滚动的距离的方法是（　　　）。

    A. scrollTop()　　　B. filter()　　　　C. scrollLeft()　　　　D. scroll()

4. 下列选项中，用于使元素的不透明度逐渐过渡到指定值的方法是（　　　）。

    A. fadeTo()　　　　B. prependTo()　　　　C. scrollTop()　　　　D. appendTo()

四、简答题

请简述 addClass() 方法、removeClass() 方法、hasClass() 方法和 toggleClass() 方法的作用。

五、操作题

在页面中定义一个带有背景颜色的 div 元素，实现当鼠标指针移入和移出 div 元素时，div 元素的不透明度改变的效果。

第 **4** 章

jQuery实现页面交互（下）

知识目标	● 掌握自定义动画的方法，能够灵活应用 animate()方法自定义动画 ● 掌握元素删除操作，能够灵活应用元素删除操作方法 ● 掌握元素属性操作，能够灵活应用元素属性操作方法
技能目标	● 掌握单击页面显示不同词语的实现方法，能够完成单击页面显示不同词语功能的开发 ● 掌握随机抽奖的实现方法，能够完成随机抽奖功能的开发 ● 掌握随机选图并放大的实现方法，能够完成随机选图并放大功能的开发 ● 掌握向上滚动课程更新日志的实现方法，能够完成向上滚动课程更新日志功能的开发

第 3 章讲解了使用 jQuery 实现页面交互，并完成了 Tab 栏切换、返回页面顶部、高亮显示图像、留言板的开发。在实际开发中，使用 jQuery 还可以实现其他的页面交互效果，例如单击页面显示不同词语、随机抽奖、随机选图并放大等。本章将继续讲解使用 jQuery 实现页面交互。

任务 4.1　单击页面显示不同词语

任务需求

某网站专为用户提供了一个知识分享社区，用户可以通过该网站学习和分享知识。为了增强网站的页面交互效果，提升用户的使用体验，该网站负责人想要对页面进行优化。具体需求是：当用户单击页面时，页面显示不同的词语，并且每次单击页面时，页面只显示一个词语，显示的词语会向上移动并逐渐消失。可以显示的词语包括苹果、香蕉、雪梨、菠萝、芒果、樱桃、石榴、西瓜、荔枝、柠檬、葡萄、草莓。

单击页面显示不同词语的效果如图 4-1 所示。

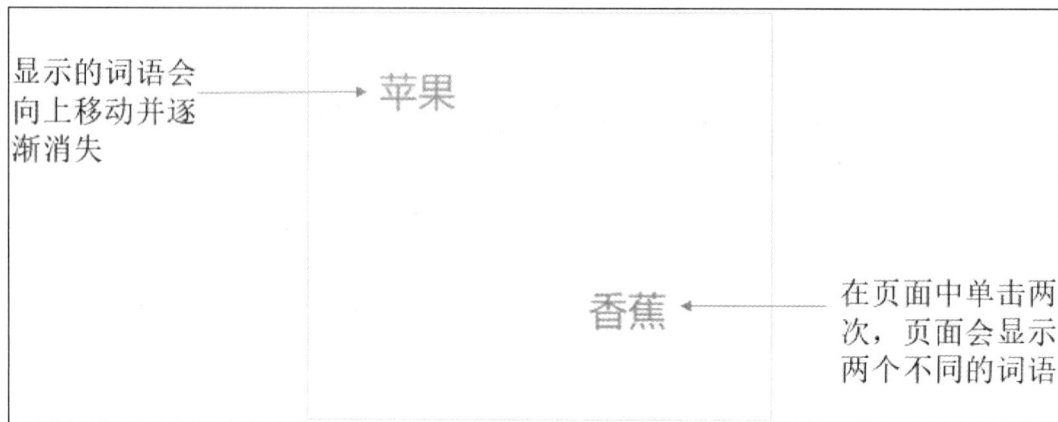

图4-1　单击页面显示不同词语的效果

知识储备

1. 自定义动画

在开发过程中，当内置的动画效果无法满足用户的实际需求时，可以使用 jQuery 提供的 animate() 方法自定义动画，该方法的语法格式如下。

```
animate(properties[, duration][, easing][, complete])
```

各参数的具体解释如下。

① 参数 properties 是一个包含 CSS 属性的对象，在执行动画时，可以根据这些 CSS 属性改变元素的样式。

② 参数 duration 用于指定动画的持续时间，单位为毫秒。

③ 参数 easing 表示切换效果，默认值为 swing（开始和结束时速度慢，中间速度快），还可以设置为 linear（匀速）。

④ 参数 complete 表示在动画完成后执行的回调函数。

为了让读者更好地掌握自定义动画的方法，下面通过代码进行演示，示例代码如下。

```
1  <head>
2   <style>
3    div {
4     width: 200px;
5     height: 200px;
6     background-color: pink;
```

```
7       position: relative;
8     }
9   </style>
10 </head>
11 <body>
12   <div></div>
13   <script>
14     $('div').on('mouseover', function () {
15       // 创建自定义动画
16       $('div').animate({ left: '+=100' }, 500);
17     });
18   </script>
19 </body>
```

在上述示例代码中，第 3~8 行代码用于设置 div 元素样式；第 12 行代码用于定义 div
元素；第 14~17 行代码用于为 div 元素注册 mouseover 事件，实现当鼠标指针移入元素时元
素右移 100px 的效果。

上述示例代码运行后，页面会显示一个粉红色的盒子，鼠标指针每移入盒子一次，盒子
就会向右缓慢移动 100px。

2. 元素删除操作

元素删除操作是指将选中的元素或某个元素的子元素删除。jQuery 提供了 empty()方法
和 remove()方法用于删除元素。其中，empty()方法用于删除元素的子元素，但不删除元素本
身；remove()方法用于删除元素的子元素和元素本身，该方法中可以传入可选参数 selector，
该参数表示选择器，用于筛选元素。

为了让读者更好地掌握元素删除操作，下面以 empty()方法为例演示元素删除操作，示例
代码如下。

```
1  <body>
2    <div id="target">
3      <h2>这是一个标题</h2>
4      <p>这是一个段落</p>
5      <a href="#">这是一个链接</a>
6    </div>
7    <script>
8      $('#target').empty();
9    </script>
10 </body>
```

上述示例代码执行后，div 元素中的子元素（h2 元素、p 元素和 a 元素）都会被删除。
如果将 empty()方法替换为 remove()方法，执行上述代码后，div 元素和 div 元素的子元素都
会被删除。

任务实现

根据任务需求实现单击页面显示不同词语的效果，具体实现步骤如下。

① 创建 D:\jQuery\chapter04 目录，将 jquery-3.6.4.min.js 文件放入该目录，并使用 VS Code 编辑器打开该目录。

② 创建 pageDisplay.html 文件，编写页面结构并引入 jquery-3.6.4.min.js 文件，具体代码如下。

```
1  <!DOCTYPE html>
2  <html>
3  <head>
4    <meta charset="UTF-8">
5    <title>单击页面显示不同词语</title>
6  </head>
7  <body>
8    <div></div>
9    <script src="jquery-3.6.4.min.js"></script>
10 </body>
11 </html>
```

在上述代码中，第 8 行代码定义了<div>标签，用于设置文字显示的区域。

③ 在步骤②的第 5 行代码的下方编写样式代码，具体代码如下。

```
1  <style>
2    div {
3      height: 600px;
4      width: 100%;
5      background: white;
6    }
7  </style>
```

上述代码用于设置 div 元素的样式。

④ 在步骤②的第 9 行代码的下方编写逻辑代码，实现单击页面显示不同词语的效果，具体代码如下。

```
1  <script>
2    var index = 0;
3    var words = ['苹果', '香蕉', '雪梨', '菠萝', '芒果', '樱桃', '石榴', '西瓜', '荔枝',
   '柠檬', '葡萄', '草莓'];
4    $('body').on('click', function (e) {
5      var word = $('<span>' + words[index] + '</span>');
6      index = (index + 1) % words.length;
7      var x = e.pageX, y = e.pageY;
8      word.css({ 'font-size': '20px', color: '#ff6651', position: 'absolute', top:
   y - 20, left: x });
```

```
9      $('body').append(word);
10     word.animate({ top: y - 180, opacity: 0 }, 1500, function () {
11       word.remove();
12     });
13   });
14 </script>
```

在上述代码中，第 2 行代码定义了一个变量 index 并将其初始化为 0，该变量用于存储要显示的词语的索引。第 3 行代码定义了一个数组 words，该数组用于存储需要显示的词语。

第 5 行代码定义了一个 span 元素，并将该元素内容设置为数组 words 中的当前元素值，最后存储在变量 word 中。第 6 行代码使用了取模运算符，以确保索引在合法范围内。第 7 行代码用于获取页面中单击处的水平位置和垂直位置，并分别赋值给变量 x 和变量 y。

第 8 行代码用于为 span 元素设置样式，包括字号、颜色、位置、绝对定位、上边距和左边距。第 9 行代码用于将 span 元素追加到 body 元素中。

第 10～12 行代码用于实现自定义动画，将 span 元素向上移动并逐渐消失。其中，top 属性被修改为 y－180，opacity 属性被修改为 0，以使 span 元素向上移动并逐渐变为透明，动画完成后调用 remove() 方法将 span 元素移除。

保存上述代码后，在浏览器中打开 pageDisplay.html，并连续单击页面两次。单击页面显示不同词语的运行结果如图 4-2 所示。

图4-2　单击页面显示不同词语的运行结果

连续单击页面两次后，页面显示"苹果""香蕉"，并且这两个词语会向上移动并逐渐消失，说明实现了单击页面显示不同词语的效果。

任务 4.2　随机抽奖

任务需求

小徐是某公司研发部门的一名前端开发工程师，主要负责公司电商网站的前端页面开发。在"双十一"来临之际，为了吸引更多的用户参与电商网站的活动，小徐需要在该电商网站的活动页面开发一个随机抽奖的功能。随机抽奖可以提高用户的参与度和互动频率，并吸引更多的潜在用户了解和关注网站。

随机抽奖功能的开发需求如下。

① 参与抽奖方式：用户通过访问网站的"双十一"预热活动页面参与抽奖活动。

② 奖品设置：抽奖活动设定的奖品数量为 8 件，每件奖品通过图像展示。

③ 抽奖方式：用户单击"开始抽奖"按钮后，网站在设定的奖品中随机抽取一件。

为了使抽奖过程更有吸引力，需要显示抽奖动画，动画效果为：以先慢后快的速度随机切换 8 件奖品，以最终停留的奖品作为最终抽奖结果。

随机抽奖的页面如图 4-3 所示。

图4-3　随机抽奖的页面

任务实现

根据任务需求实现随机抽奖的效果，具体实现步骤如下。

① 创建 randomDrawing.html 文件，编写页面结构并引入 jquery-3.6.4.min.js 文件，具体代码如下。

```
1    <!DOCTYPE html>
2    <html>
```

```
3   <head>
4     <meta charset="UTF-8">
5     <title>随机抽奖</title>
6   </head>
7   <body>
8     <div class="container">
9       <div class="get"><img src="" alt=""></div>
10      <section class="draw-box">
11        <div class="prize"><img src="image/cup.png" alt=""><p>榨汁杯</p></div>
12        <div class="prize"><img src="image/towel.png" alt=""><p>毛巾</p></div>
13        <div class="prize"><img src="image/waterCup.png" alt=""><p>水杯</p></div>
14        <div class="prize"><img src="image/headrest.png" alt=""><p>靠枕</p></div>
15        <div class="star-btn">开始抽奖</div>
16        <div class="prize"><img src="image/detergent.png" alt=""><p>清洁剂</p>
   </div>
17        <div class="prize"><img src="image/stationery.png" alt=""><p>文具礼盒</p>
   </div>
18        <div class="prize"><img src="image/headset.png" alt=""><p>耳机</p></div>
19        <div class="prize"><img src="image/inductionCooker.png" alt=""><p>电磁炉
   </p></div>
20      </section>
21    </div>
22    <script src="jquery-3.6.4.min.js"></script>
23  </body>
24  </html>
```

在上述代码中，第 9 行代码定义了 class 属性值为 get 的 div 元素，用于显示中奖的区域；第 10～20 行代码定义了 class 属性值为 draw-box 的 section 元素，用于展示奖品选项和"开始抽奖"按钮。

② 在步骤①的第 5 行代码的下方编写样式代码，具体代码如下。

```
1   <style>
2     .container {
3       display: flex;
4       justify-content: center;
5       align-items: center;
6       height: 100vh;
7     }
8     .draw-box {
9       display: flex;
10      justify-content: center;
11      align-items: center;
12      flex-wrap: wrap;
13      width: 636px;
14      height: 636px;
```

```
15      border: 1px solid #fd6b54;
16      box-sizing: border-box;
17    }
18    .draw-box div {
19      width: 200px;
20      height: 200px;
21      font-size: 28px;
22      text-align: center;
23      background-color: #fff;
24      color: #ccc;
25      border: 2px solid #ffa288;
26      user-select: none;
27      margin-left: 6px;
28    }
29    .draw-box div img {
30      margin-top: 10px;
31      width: 190px;
32      height: 150px;
33    }
34    .draw-box div p {
35      margin-top: -5px;
36    }
37    .draw-box div.active {
38      color: #fff;
39      background-color: #fd6b54;
40      transform: scale(0.95);
41      border-radius: 25%;
42    }
43    .draw-box div.active img {
44      border-radius: 25%;
45      transform: scale(0.95);
46    }
47    .draw-box div.star-btn {
48      background-color: #ffd800;
49      color:#ab6102;
50      font-weight: bolder;
51      border-radius: 50%;
52      cursor: pointer;
53      line-height: 200px;
54      top: 205px;
55      left: 211px;
56    }
57    .get {
58      left: 200px;
59      top: 200px;
```

```
60      width: 200px;
61      height: 200px;
62      font-size: 28px;
63      text-align: center;
64      background-color: #fd6b54;
65      color: #fff;
66      border: 2px solid #fd6b54;
67      position: absolute;
68      user-select: none;
69      display: none;
70    }
71    .get img {
72      margin-top: 10px;
73      width: 190px;
74      height: 150px;
75    }
76    .get p {
77      margin-top: -5px;
78    }
79  </style>
```

在上述代码中，第18～28行代码用于设置奖品显示区域的宽度和高度为200px和200px，设置奖品名称的字号为28px、颜色为灰色、水平居中，设置奖品显示区域的边框为橙色、背景颜色为白色。

第 37～42 行代码用于设置开始抽奖时奖品显示区域的样式，将奖品名称的字体颜色设置为白色、背景颜色设置为红色，同时使用缩放和圆角边框效果。

第 47～56 行代码用于设置"开始抽奖"按钮的背景颜色为黄色，字体颜色为黑色，字体为粗体，并设置一个圆形边框。

第 57～70 行代码用于设置抽中的奖品显示区域的样式，其中第69行代码设置默认隐藏该区域。

③ 在步骤①的第22行代码下方编写逻辑代码，实现随机抽奖的功能，具体代码如下。

```
1   <script>
2     // 获取需要操作的元素
3     var starBtn = $('.star-btn');
4     var prize = $('.draw-box .prize');
5     var getImg = $('.get').find('img');
6     var getContent = $('.get').find('.content');
7     // 定义变量
8     var index = 0;              // 当前切换奖品的次数
9     var targetIndex = 84;       // 最高切换次数
10    var timer;                  // 定时器 id
11    var second = 200;           // 抽奖的时间间隔
```

```
12    var isRun = true;                    // 是否正在抽奖
13    // 实现"开始抽奖"按钮的功能
14    starBtn.on('click', function () {
15      if (isRun) {                       // 判断是否正在抽奖
16        isRun = false;
17        run();
18      }
19    });
20    // 实现随机抽奖
21    function run () {
22      setTimeout(function () {
23        // 获取当前奖品的索引
24        var nowIndex = Math.ceil(Math.random() * index + 3);
25        // 高亮显示奖品
26        prize.removeClass('active');
27        prize.eq(nowIndex % 8).addClass('active');
28        index++;
29        // 调整抽奖的时间间隔
30        if (second > 20 && index < 24) {
31          second -= 20;
32        } else if (index > 74) {
33          second += 50;
34        }
35        // 判断当前切换奖品的次数是否未达到最高切换次数
36        if (index < targetIndex) {
37          run();
38        } else {
39          // 获取当前奖品的图片
40          getImg.attr('src', prize.eq(nowIndex % 8).find('img').attr('src'));
41          $('.get').css('display', 'block')
42        }
43      }, second);
44    }
45  </script>
```

在上述代码中，第 3 行代码用于获取.star-btn 类元素，并将其存储在 starBtn 变量中；第 4 行代码用于获取.draw-box 类元素中的.prize 类元素，并将其存储在 prize 变量中；第 5 行代码用于获取.get 类元素中的所有 img 元素，并将其存储在 getImg 变量中；第 6 行代码用于获取.get 类元素中的所有.content 类元素，并将其存储在 getContent 变量中。

第 14～19 行代码注册 click 事件并调用 run()函数，用于实现"开始抽奖"按钮的功能。

第 21～44 行代码定义了一个 run()函数，用于实现随机抽奖。其中，第 30～34 行代码用于调整抽奖的时间间隔，如果 second 大于 20 且 index 小于 24，则减小抽奖的时间间隔，以加速动画的运行；如果 index 大于 74，则增大抽奖的时间间隔，以减缓动画的运行。

第 36～42 行代码通过比较 index 和 targetIndex 的值来判断当前切换奖品的次数是否未达到最高切换次数，如果当前切换奖品次数小于最高切换次数，则调用 run()函数，执行奖品切换操作；如果当前切换奖品次数已经达到或超过最高切换次数，则获取当前奖品的图片。

第 41 行代码用于获取.get 类元素并设置该元素的 display 属性值为 block，表示在页面中显示抽中的奖品。

保存上述代码后，在浏览器中打开 randomDrawing.html 文件，并单击"开始抽奖"按钮。随机抽奖的运行结果如图 4-4 所示。

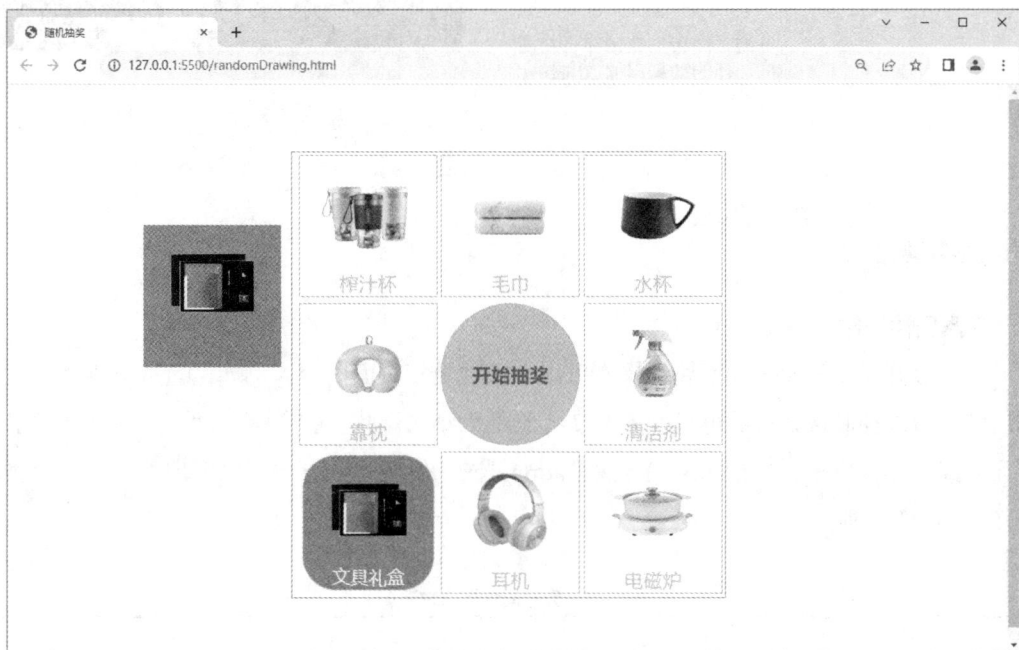

图4-4　随机抽奖的运行结果

图中显示了抽中的奖品，该奖品为文具礼盒，说明实现了随机抽奖的功能。

任务 4.3　随机选图并放大

任务需求

某公司开发了一个摄影门户网站，该网站的主要功能是展示各种摄影图片，用户访问该网站时不仅可以欣赏摄影图片，还可以分享摄影图片、学习摄影技巧等。

为了使该网站的功能更加丰富，现需要增加一个随机选图并放大的功能，该功能的具体需求如下。

① 当用户单击页面中的"开始"按钮时，随机选择动物图像。

② 当用户单击页面中的"停止"按钮时，将随机选择的动物图像放大显示。

随机选图并放大的效果如图 4-5 所示。

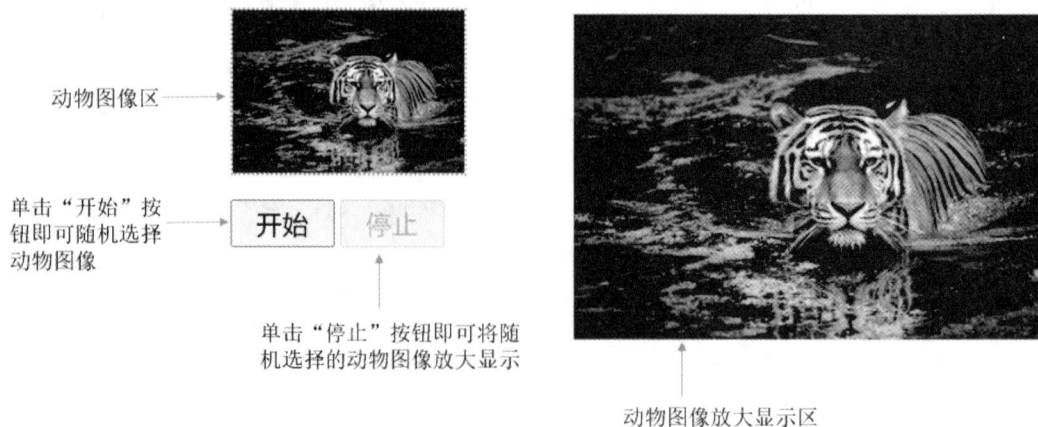

图4-5　随机选图并放大的效果

知识储备

元素属性操作

在网页开发中，使用元素属性操作可以动态地更新页面内容。例如，通过修改某个元素的属性，可以控制该元素的可见性或改变元素的大小、形状、颜色等属性。jQuery 提供了一些元素属性操作方法，包括 prop()方法、attr()方法，使用这些方法可以实现不同的元素属性操作，如表 4-1 所示。

表 4-1　元素属性操作方法

方法	说明
prop(propertyName[, value])	获取或设置元素的属性值。如果只传递 propertyName 参数，则表示获取属性值；如果传递了 value 参数，则表示设置属性值
attr(propertyName[, value])	获取或设置标签的属性值。如果只传递 propertyName 参数，则表示获取属性值；如果传递了 value 参数，则表示设置属性值

参数 propertyName 表示属性名，value 表示属性值。

为了让读者更好地掌握元素属性操作，下面分别演示 prop()和 attr()方法的使用方法，示例代码如下。

```
1  <body>
2   <input type="checkbox" id="my_checkbox">
3   <a href="#" id="my_Link">请单击此处</a>
4   <script>
5     $('#my_checkbox').prop('checked', true);
6    console.log($('#my_checkbox').prop('checked'));
7     $('#my_Link').attr('href', 'http://127.0.0.1');
```

```
8     console.log($('#my_Link').attr('href'));
9   </script>
10 </body>
```

在上述示例代码中，第 2、3 行代码分别创建了一个复选框和一个超链接；第 5 行代码调用 prop()方法将复选框的 checked 属性设置为 true，表示将复选框选中；第 6 行代码调用 prop() 方法获取复选框的 checked 属性，并通过 console.log() 输出结果；第 7 行代码调用 attr() 方法将超链接的 href 属性设置为 http://127.0.0.1；第 8 行代码调用 attr() 方法获取超链接的 href 属性，并通过 console.log() 输出结果。

上述示例代码的运行结果如图 4-6 所示。

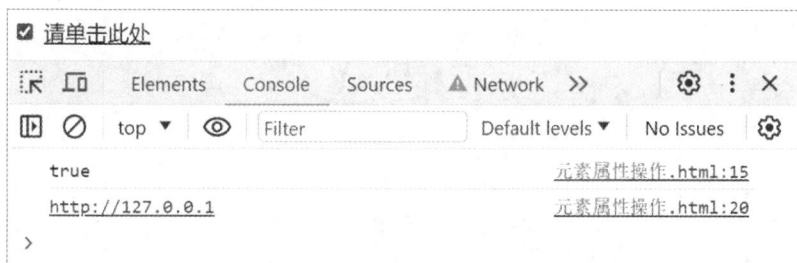

图4-6　运行结果

其中显示了一个复选框和一个超链接，并且复选框为选中状态，当单击"请单击此处"超链接时，跳转到 http://127.0.0.1。控制台中输出 true 和 http://127.0.0.1，说明调用 prop()方法成功获取了复选框的 checked 属性，以及调用 attr()方法成功获取了超链接的 href 属性。

任务实现

根据任务需求实现随机选图并放大的效果，具体实现步骤如下。

① 创建 selectImage.html 文件，编写页面结构并引入 jquery-3.6.4.min.js 文件，具体代码如下。

```
1  <!DOCTYPE html>
2  <html>
3  <head>
4    <meta charset="UTF-8">
5    <title>随机选图并放大</title>
6  </head>
7  <body>
8    <div class="small">
9      <img src="image/rabbit.jpg" alt="">
10   </div>
11   <div class="big">
12     <img src="image/rabbit.jpg" alt="">
13   </div>
```

```
14    <input class="begin" type="button" value="开始">
15    <input class="end" type="button" value="停止" disabled>
16    <script src="jquery-3.6.4.min.js"></script>
17    </body>
18    </html>
```

在上述代码中，第 8～10 行代码用于定义未放大的图像，第 11～13 行代码用于定义放大后的图像，第 14～15 行代码用于定义"开始"按钮和"停止"按钮。

② 在步骤①的第 5 行代码的下方编写样式代码，具体代码如下。

```
1     <style>
2       .small {
3         width: 200px;
4         height: 135px;
5         margin: 0 0 20px;
6         border: 2px dotted #27ba9b;
7       }
8       .small > img {
9         width: 200px;
10        height: 135px;
11      }
12      .big {
13        width: 400px;
14        height: 270px;
15        border: 3px double #fff;
16        position: absolute;
17        left: 300px;
18        top: 10px;
19      }
20      .big > img {
21        width: 400px;
22        height: 270px;
23      }
24      .begin, .end {
25        width: 90px;
26        height: 40px;
27        font-size: 1.4rem;
28      }
29      .begin:hover {
30        background:#27ba9b;
31      }
32    </style>
```

在上述代码中，第 2～11 行代码用于设置未放大的图像的样式，第 12～23 行代码用于设置放大后的图像的样式，第 24～31 行代码用于设置"开始"按钮和"停止"按钮的样式。

③ 在步骤①的第 16 行代码下方编写逻辑代码，实现随机选图并放大的效果，具体代码如下。

```
1  <script>
2    // 存储图像的路径
3    var imgs = ['image/rabbit.jpg', 'image/camel.jpg', 'image/tiger.jpg',
'image/magpie.jpg', 'image/antelope.jpg'];
4    // 存储定时器 id
5    var timer;
6    // 存储随机选中的图像索引
7    var num;
8    // 获取.begin 类元素并注册 click 事件
9    $('.begin').on('click', function () {
10     $(this).prop('disabled', true);
11     $('.end').prop('disabled', false);
12     // 创建一个定时器，每隔100毫秒执行一次 setInterval()函数中的代码块
13     timer = setInterval(function () {
14       num = Math.floor(Math.random() * imgs.length);
15       $('.small > img').prop('src', imgs[num]);
16     }, 100);
17   });
18   // 获取.end 类元素并注册 click 事件
19   $('.end').on('click', function() {
20     $(this).prop('disabled', true);
21     $('.begin').prop('disabled', false);
22     // 清除定时器
23     clearInterval(timer)
24     $('.big > img').hide().prop('src', imgs[num]).show(1000);
25   });
26  </script>
```

在上述代码中，第 3 行代码定义了一个数组 imgs，该数组用于存储图像的路径；第 5 行代码声明了变量 timer，该变量用于存储定时器 id；第 7 行代码声明了变量 num，该变量用于存储随机选中的图像索引。

第 9～17 行代码用于获取.begin 类元素并注册 click 事件。其中，第 10 行代码将被单击的元素的 disabled 属性设置为 true，表示禁用该元素；第 11 行代码用于获取.end 类元素，并将该元素的 disabled 属性设置为 false，表示启用该元素。

第 13～16 行代码通过调用 setInterval()函数创建一个定时器，并设置每隔 100 毫秒执行一次 setInterval()函数中的代码块。其中，第 14 行代码用于生成一个随机的图像数组索引，并将其保存在变量 num 中；第 15 行代码用于获取.small 类元素下的 img 元素，并将 img 元素的 src 属性设置为数组 imgs 中索引为 num 的图像路径。

第 19~25 行代码用于获取.end 类元素并注册 click 事件。其中，第 20 行代码将被单击的元素的 disabled 属性设置为 true，表示禁用该元素；第 21 行代码用于获取.begin 类元素，并将该元素的 disabled 属性设置为 false，表示启用该元素。

第 23 行代码通过调用 clearInterval()函数清除定时器。

第 24 行代码首先获取.big 类元素下的 img 元素，然后调用 hide()方法隐藏获取到的元素，最后将 img 元素的 src 属性设置为数组 imgs 中索引为 num 的图像路径，并在 1000 毫秒内将获取到的元素显示在页面上。

保存上述代码，在浏览器中打开 selectImage.html 文件，首先单击"开始"按钮，然后单击"停止"按钮，单击"停止"按钮后页面会随机选择一张图并将其放大显示，随机选图并放大的运行结果如图 4-7 所示。

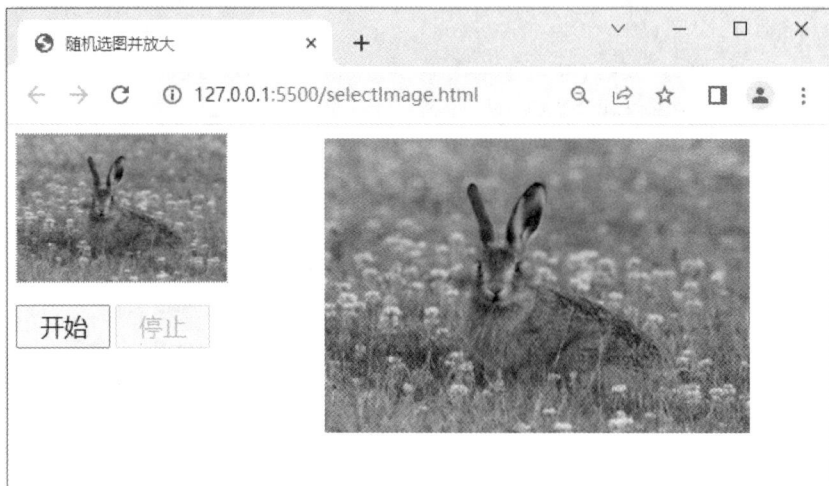

图4-7　随机选图并放大的运行结果

从图 4-7 中可以看出，"停止"按钮被禁用，"开始"按钮被启用。再次单击"开始"按钮后，又可以重新随机选图，并且"停止"按钮被启用。以上说明实现了随机选图并放大的效果。

任务 4.4　向上滚动课程更新日志

任务需求

向上滚动文字的效果在网页设计中十分常见，在页面中设计向上滚动文字的效果，可以使文字信息以滚动的方式展示，以节省页面空间，提升页面的视觉效果。

某公司正在对网站的页面设计进行优化，该公司的负责人提出要求：当鼠标指针未移入课程更新日志时，课程更新日志以 2 秒的间隔自动向上滚动，并且每次向上滚动 1 条；当鼠标指针移入课程更新日志时，课程更新日志停止向上滚动。其中，需要更新的课程日志内容如下。

① 2023-12-12 Spring Bean 生命周期。

② 2023-12-10 MyBatis 执行流程。

③ 2023-11-03 Ribbon 负载均衡策略。

④ 2023-10-25 Spring 事务失效问题。

⑤ 2023-09-15 SpringMVC 执行流程。

⑥ 2023-08-10 MyBatis 延迟加载。

向上滚动课程更新日志的效果如图 4-8 所示。

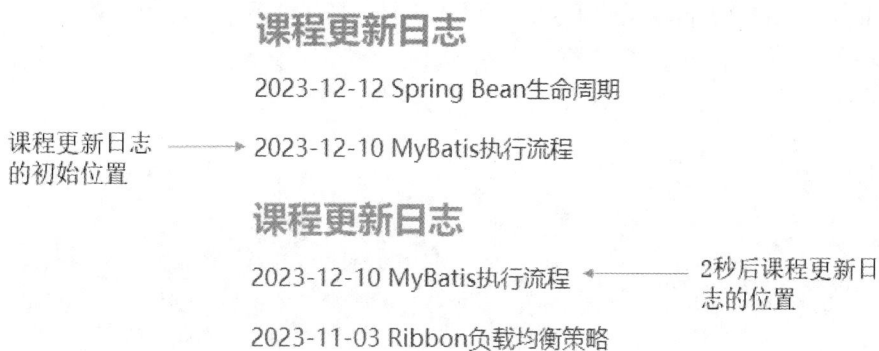

图4-8　向上滚动课程更新日志的效果

任务实现

根据任务需求实现向上滚动课程更新日志的效果，具体实现步骤如下。

① 创建 courseRenew.html 文件，编写页面结构并引入 jquery-3.6.4.min.js 文件，具体代码如下。

```
1  <!DOCTYPE html>
2  <html>
3  <head>
4    <meta charset="UTF-8">
5    <title>向上滚动课程更新日志</title>
6  </head>
7  <body>
8    <div class="course">
9      <h3>课程更新日志</h3>
10     <div class="course-list">
11       <ul>
12         <li><a href="#">2023-12-12 Spring Bean 生命周期</a></li>
13         <li><a href="#">2023-12-10 MyBatis 执行流程</a></li>
14         <li><a href="#">2023-11-03 Ribbon 负载均衡策略</a></li>
```

```
15        <li><a href="#">2023-10-25 Spring 事务失效问题</a></li>
16        <li><a href="#">2023-09-15 SpringMVC 执行流程</a></li>
17        <li><a href="#">2023-08-10 MyBatis 延迟加载</a></li>
18      </ul>
19    </div>
20  </div>
21  <script src="jquery-3.6.4.min.js"></script>
22  </body>
23  </html>
```

在上述代码中，第 9 行代码用于设置课程更新日志的标题，第 10～19 行代码用于设置课程更新日志的内容。

② 在步骤①的第 5 行代码的下方编写样式代码，具体如下。

```
1   <style>
2     body {
3       font-size: 20px;
4       line-height: 1.5;
5     }
6     ul, ol {
7       list-style: none;
8     }
9     a {
10      text-decoration: none;
11      color: #333;
12    }
13    a:hover {
14      text-decoration: underline;
15      color: #0d7cff;
16    }
17    .course {
18      height: 90px;
19      width: 230px;
20      overflow: hidden;
21    }
22    .course h3 {
23      width: 230px;
24      height: 30px;
25      text-indent: 16px;
26      font-size: 18px;
27      line-height: 30px;
28      color: #ff6000;
29      margin: 0;
30      padding: 0;
31    }
```

```
32    .course-list {
33      width: 230px;
34      height: 60px;
35      overflow: hidden;
36      margin: 0 auto;
37    }
38    .course ul {
39      width: 230px;
40      padding: 0 15px;
41      font-size: 12px;
42      line-height: 30px;
43    }
44    .course ul li {
45      height: 30px;
46      white-space: nowrap;
47      width: 230px;
48      overflow: hidden;
49    }
50  </style>
```

在上述代码中，第 46 行代码用于设置元素内文本的换行方式为不换行，第 48 行代码用于设置元素的溢出内容的显示方式为隐藏。

③ 在步骤①的第 21 行代码下方编写逻辑代码，实现向上滚动课程更新日志的效果，具体代码如下。

```
1   <script>
2     function scrollUp() {
3       $('.course ul').stop()
4       .animate({ 'margin-top': '-30px' }, 500, function () {
5         $('.course li').slice(0, 1).appendTo($('.course ul'));
6         $('.course ul').css('margin-top', 0);
7       });
8     }
9     var autoUp = setInterval(scrollUp, 2000);
10    $('.course').on('mouseover', function () {
11      clearInterval(autoUp);
12    });
13    $('.course').on('mouseout', function () {
14      autoUp = setInterval(scrollUp, 2000)
15    });
16  </script>
```

在上述代码中，第 2～8 行代码定义了一个 scrollUp()函数。其中，第 3 行代码用于获取.course 类元素中的 ul 元素，并调用 stop()方法停止正在运行的动画。

第 4～7 行代码调用 animate()方法为选中的元素设置动画效果。在该方法中，参数

{ 'margin-top': '-30px' }表示将元素的上边距设置为-30px，参数 500 表示动画的持续时间为 500 毫秒。动画结束后，会执行第 5～6 行的代码。其中，第 5 行代码用于将.course 类元素下的第一个 li 元素移动到 ul 元素的末尾，第 6 行代码用于设置.course 类元素中的 ul 元素的上边距为 0，即恢复到初始状态。

第 9 行代码创建了一个用于实现向上滚动课程更新日志效果的定时器，并将定时器的 id 保存在变量 autoUp 中。第 10～12 行代码用于实现鼠标指针移入课程更新日志时课程更新日志停止向上滚动的效果。第 13～15 行代码用于实现鼠标指针移出课程更新日志时课程更新日志恢复向上滚动的效果。

保存上述代码，在浏览器中打开 courseRenew.html 文件，运行结果如图 4-9 所示。

图4-9　向上滚动课程更新日志的运行结果（1）

图 4-9 中显示 2 条课程更新日志，2 秒后，课程更新日志自动向上滚动，运行结果如图 4-10 所示。

图4-10　向上滚动课程更新日志的运行结果（2）

由图 4-10 可知，课程更新日志的内容由"2023-12-12 Spring Bean 生命周期""2023-12-10 MyBatis 执行流程"变为"2023-12-10 MyBatis 执行流程""2023-11-03 Ribbon 负载均衡策略"，说明实现了向上滚动课程更新日志的效果。

本章小结

本章主要讲解使用 jQuery 实现页面交互，首先讲解如何自定义动画，然后讲解元素删除操作，最后讲解元素属性操作。通过本章的学习，读者能够掌握单击页面显示不同词语、随机抽奖、随机选图并放大和向上滚动课程更新日志这 4 个页面交互效果的实现方法，并能够灵活运用 jQuery 技术实现更加丰富的页面交互效果。

课后习题

一、填空题

1. 在 prop()方法中只传递 propertyName 参数表示_____。

2. 在 jQuery 中使用_____方法可以删除元素的子元素和元素本身。

3. 在 jQuery 中使用_____方法可以获取或设置元素的属性值。

二、判断题

1. prop()方法用于获取或设置标签的属性值。（　　　）

2. remove()方法用于删除元素的子元素，但不删除元素本身。（　　　）

三、选择题

1. 下列选项中，用于自定义动画的方法是（　　　）。

   A. prop()　　　　　　B. animate()　　　　　　C. empty()　　　　　　D. attr()

2. 下列选项中，用于获取或设置标签的属性值的方法是（　　　）。

   A. remove()　　　　　B. attr()　　　　　　　C. animate()　　　　　D. prop()

3. 下列选项中，用于删除元素的方法是（　　　）。

   A. prop()　　　　　　B. animate()　　　　　　C. empty()　　　　　　D. attr()

四、简答题

1. 请简述 prop()方法、attr()方法的作用。

2. 请简述 empty()方法和 remove()方法的作用。

五、操作题

请使用自定义动画的方法实现单击页面中的按钮时，一个具有粉色背景的方块从当前位置移动到距离页面顶部和左边 200px 的位置，并且动画持续时间为 1 秒。

第 5 章

jQuery实现动画效果

知识目标	● 掌握淡入和淡出元素的方法,能够实现元素的淡入和淡出效果 ● 掌握上滑和下滑元素的方法,能够实现元素的上滑和下滑效果 ● 掌握操作元素尺寸的方法,能够根据实际情况灵活获取元素的尺寸
技能目标	● 掌握开关灯效果的实现方法,能够通过单击按钮切换灯的开启和关闭状态 ● 掌握滑动切换导航菜单效果的实现方法,能够完成滑动切换导航菜单的效果 ● 掌握导航栏下划线跟随选中菜单项滑动效果的实现方法,能够完成导航栏下划线跟随选中菜单项滑动的效果

在网页开发中,动画扮演着重要角色。它不仅可以使网页内容更加生动有趣,还可以提升用户体验和增强视觉吸引力。动画让元素的出现、消失和变换过程更加平滑流畅,可给用户带来更好的交互感和视觉体验。此外,动画还能突出显示重要内容、吸引用户注意力。在开发中,合理地应用动画可以增强网页的动感和活力,并提升用户的使用体验,加深用户对网页的印象。本章将详细讲解如何使用jQuery实现各种动画效果。

任务 5.1   开关灯效果

任务需求

随着科技的不断进步和智能设备的广泛应用,智能家居的普及程度越来越高。例如,用户可以通过智能手机或平板电脑远程控制房间内的灯光。不仅可以简单地打开或关闭灯光，还可以自由地调节亮度和色温，以满足多样的照明需求。

为了模拟灯光的控制，本任务使用 jQuery 实现简单的开关灯效果，具体需求如下。

① 页面初次加载时，灯是关闭状态，按钮的文字为"开灯"，背景图像为关灯的图像。

② 单击按钮时，根据当前灯的状态进行相应的操作，具体如下。

● 如果当前灯是开启状态，单击"关灯"按钮时，将开灯的背景图像淡出隐藏，将关灯的背景图像淡入显示，同时将按钮的文字改为"开灯"。

● 如果当前灯为关闭状态，单击"开灯"按钮时，将关灯的背景图像淡出隐藏，将开灯的背景图像淡入显示，同时将按钮的文字改为"关灯"。

灯的开启状态和关闭状态的效果如图 5-1 所示。

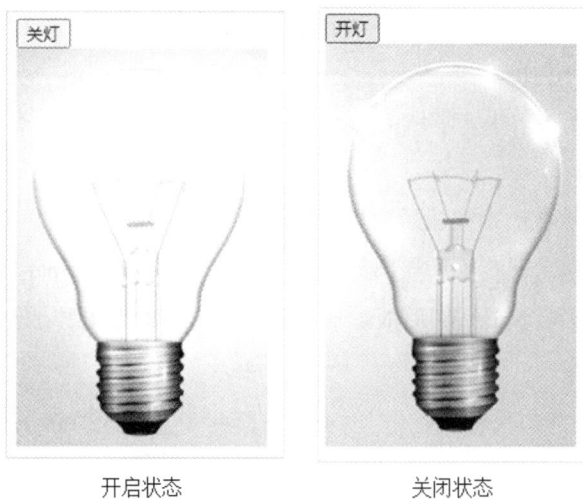

图5-1　灯的开启状态和关闭状态的效果

知识储备

淡入和淡出元素的方法

如果希望元素以淡入的动画效果显示，或者以淡出的动画效果隐藏，可以使用 jQuery 中淡入和淡出元素的方法。

jQuery 中淡入和淡出元素的方法如表 5-1 所示。

表 5-1　淡入和淡出元素的方法

方法	说明
fadeIn([duration][, easing][, complete])	通过淡入的方式显示匹配元素
fadeOut([duration][, easing][, complete])	通过淡出的方式隐藏匹配元素
fadeToggle([duration][, easing][, complete])	根据元素当前的状态，通过淡入或淡出的方式显示或隐藏元素

为了帮助读者更好地理解淡入和淡出元素的方法，接下来对表 5-1 中列举的方法分别进行详细讲解。

① fadeIn()方法通过逐渐增加元素的不透明度（不透明度从 0 逐渐变为 1）实现元素逐渐显示的效果。

② fadeOut()方法通过逐渐降低元素的不透明度（不透明度从 1 逐渐变为 0）实现元素逐渐隐藏的效果。

③ fadeToggle()方法可以使元素在显示和隐藏状态之间切换。如果元素当前是可见的，则调用 fadeToggle()方法会使元素逐渐隐藏；如果元素当前是隐藏的，则调用 fadeToggle()方法会使元素逐渐显示。

下面对表 5-1 中方法的各个参数进行解释，具体如下。

① duration：表示动画的持续时间，可以设置为以毫秒为单位的动画时长（如 1000）或预定的速度值（如 slow、fast）。

② easing：表示切换效果，默认值为 swing（开始和结束时速度慢，中间速度快），也可以设置为 linear（匀速）。

③ complete：表示在动画完成后执行的回调函数。

为了让读者更好地掌握淡入和淡出元素的方法，下面以 fadeIn()方法为例，演示元素淡入方法的使用方法，实现单击按钮后淡入显示隐藏的内容的效果，示例代码如下。

```
1   <head>
2    <style>
3     div {
4       width: 200px;
5       height: 200px;
6       background-color: red;
7       display: none;
8     }
9    </style>
10  </head>
11  <body>
12   <button id="toggle_btn">淡入</button>
13   <div></div>
14   <script>
15     $('#toggle_btn').on('click', function () {
16       $('div').fadeIn(1000);
17     });
18   </script>
19  </body>
```

在上述示例代码中，第 12 行代码定义了一个<button>标签，并为其添加了一个 id 属性，属性值为 toggle_btn，用于控制盒子的淡入效果；第 13 行代码定义了一个空的<div>标签，用于存放盒子，这个盒子的高度和宽度都为 200px，并且背景颜色为红色，在初始状态下是隐藏的，不会在页面上显示。

第 15～17 行代码用于获取 id 属性值为 toggle_btn 的元素并注册 click 事件。用户单击按钮后，事件处理函数调用 fadeIn()方法将 div 元素以淡入的方式显示。

上述示例代码运行后，页面中会显示一个"淡入"按钮。单击该按钮后，一个盒子逐渐显示出来，盒子的淡入过程演示效果如图 5-2 所示。

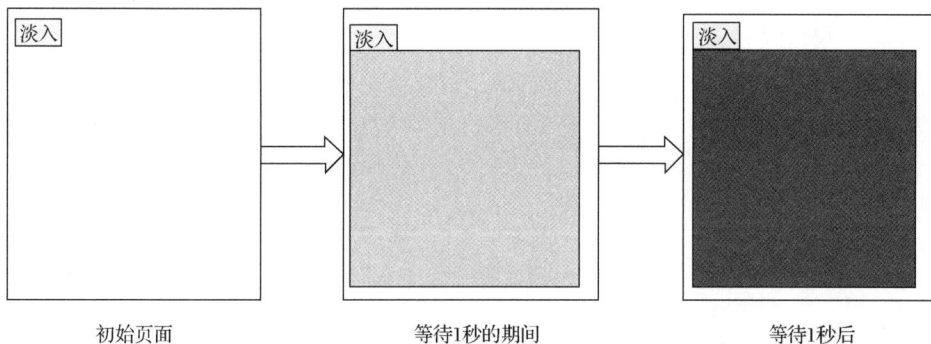

图5-2　盒子的淡入过程演示效果

单击按钮后，在等待 1 秒的期间盒子逐渐显示出来，等待 1 秒后，盒子完全显示出来。

为了更好地分析盒子的淡入效果，打开 Chrome 浏览器的开发者工具，单击 Elements 选项卡，选中<div>标签，单击"淡入"按钮，查看盒子的不透明度变化，如图 5-3 所示。

图5-3　盒子的不透明度变化

<div>标签的 opacity 属性逐渐从 0 变化到 1，元素的 display 属性被设置为 block，从而实现盒子淡入的效果。

任务实现

根据任务需求实现开关灯效果，具体实现步骤如下。

① 创建 D:\jQuery\chapter05 目录，将 jquery-3.6.4.min.js 文件和本章配套源代码中的 images 文件夹复制到该目录下，并使用 VS Code 编辑器打开该目录。

② 创建 switch.html 文件，编写页面结构并引入 jquery-3.6.4.min.js 文件，具体代码如下。

```
1   <!DOCTYPE html>
2   <html>
3   <head>
4     <meta charset="UTF-8">
5     <title>开关灯效果</title>
6   </head>
7   <body>
8     <input type="button" value="开灯">
9     <div class="box">
10      <div id="onlight_bulb"></div>
11      <div id="offlight_bulb"></div>
12    </div>
13    <script src="jquery-3.6.4.min.js"></script>
14  </body>
15  </html>
```

在上述代码中，第 8 行代码定义了一个按钮，按钮上显示的文字为"开灯"；第 10 行代码定义了 div 元素，用于存放开灯状态下的背景图像；第 11 行代码也定义了 div 元素，用于存放关灯状态下的背景图像。

③ 在步骤②的第 5 行代码的下方编写样式代码，具体代码如下。

```
1   <style>
2     .box {
3       position: relative;
4     }
5     .box div {
6       width: 200px;
7       height: 315px;
8       position: absolute;
9       top: 0;
10    }
11    #onlight_bulb {
12      background: url("images/on.jpg") no-repeat;
13      background-size: contain;
14    }
15    #offlight_bulb {
16      background: url("images/off.jpg") no-repeat;
17      background-size: contain;
18    }
19  </style>
```

在上述代码中，第 2～4 行代码用于设置.box 类的元素的位置为相对定位；第 5～10 行

代码用于设置 .box 类的元素下的 div 元素的宽度和高度，并指定为绝对定位，距离其最近被定位的祖先元素的顶部为 0 像素；第 11～14 行代码用于为 id 属性值为 onlight_bulb 的元素设置背景图像 images/on.jpg，且图像不重复平铺，调整背景图像的大小以适应元素的大小；第 15～18 行代码用于为 id 属性值为 offlight_bulb 的元素设置背景图像 images/off.jpg，且图像不重复平铺，调整背景图像的大小以适应元素的大小。

④ 在步骤②的第 13 行代码的下方编写逻辑代码，实现单击按钮切换对应的背景图像和按钮上显示的文字，以及淡入淡出效果，具体代码如下。

```
1  <script>
2    var isLightOn = true;  // 存储灯的状态
3    $('input').on('click', function () {
4      if(isLightOn) {
5        $('#offlight_bulb').fadeOut('slow');
6        $('#onlight_bulb').fadeIn('slow');
7        $('input').val('关灯');
8      } else {
9        $('#onlight_bulb').fadeOut('slow');
10       $('#offlight_bulb').fadeIn('slow');
11       $('input').val('开灯');
12     }
13     isLightOn = !isLightOn;
14   });
15 </script>
```

在上述代码中，第 2 行代码定义了一个 isLightOn 变量，用于存储灯的状态，初始值为 true，表示灯处于开启状态。

第 3～14 行代码用于获取所有的 input 元素并注册 click 事件。在事件处理函数中，首先判断 isLightOn 变量的值是否为 true，若为 true 则执行第 5～7 行代码，调用 fadeOut() 方法将 id 属性值为 offlight_bulb 的元素淡出隐藏，调用 fadeIn() 方法将 id 属性值为 onlight_bulb 的元素淡入显示，并将按钮上显示的文字设置为 "关灯"。

如果 isLightOn 变量的值为 false，则执行第 9～11 行代码，调用 fadeOut() 方法将 id 属性值为 onlight_bulb 的元素淡出隐藏，调用 fadeIn() 方法将 id 属性值为 offlight_bulb 的元素淡入显示，并将按钮上显示的文字设置为 "开灯"。

第 13 行代码将 isLightOn 的值取反，以便下一次单击时能够更新灯的最新状态。

保存上述代码，在浏览器中打开 switch.html 文件，初始页面效果如图 5-4 所示。初始页面中灯为关闭状态，且按钮的文字为 "开灯"。

单击 "开灯" 按钮，开灯页面效果如图 5-5 所示。当前灯为开启状态，且按钮上的文字为 "关灯"。

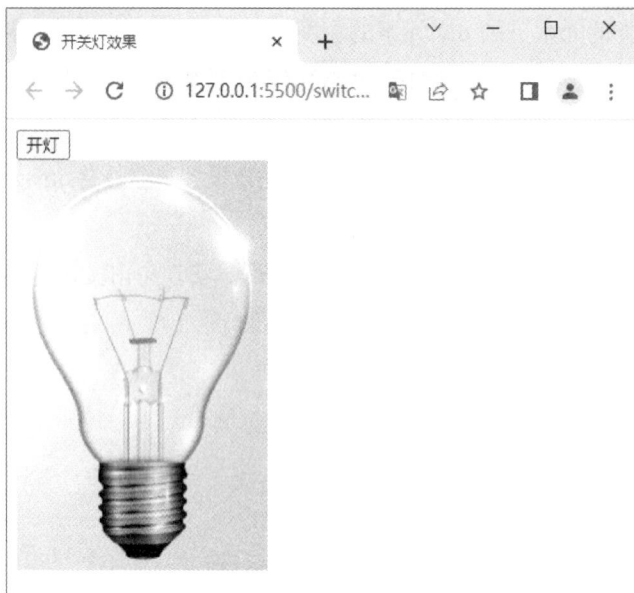

图5-4　初始页面效果

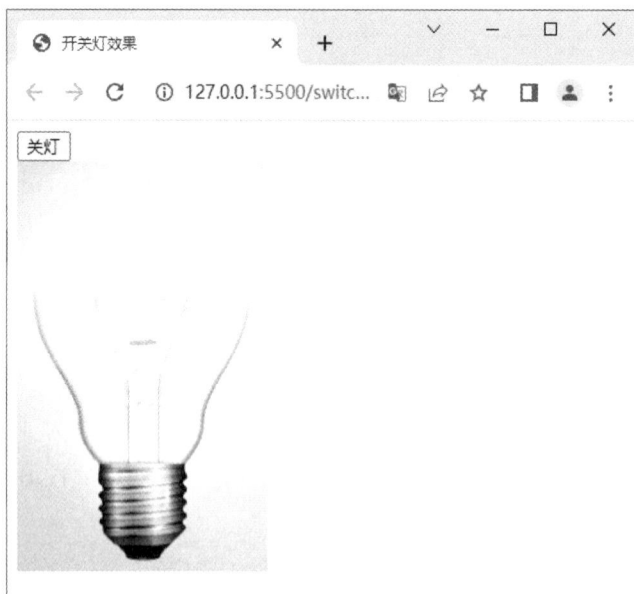

图5-5　开灯页面效果

任务 5.2　滑动切换导航菜单效果

任务需求

随着科技的不断进步和经济的发展，旅游行业越来越多地采用数字技术和互联网平台来提供更便捷和个性化的服务。某旅游公司正在开发一个旅游平台，当前正在进行导航菜单的开发任务。这个任务要求实现以下功能：当鼠标指针移入一级菜单项时，对应的二级菜单项以向下滑动的方式显示；当鼠标指针移出一级菜单项时，二级菜单项以向上滑动的方式隐藏。

导航菜单的一级菜单项以及相应的二级菜单项如表 5-2 所示。

表 5-2　一级菜单项以及相应的二级菜单项

一级菜单项	二级菜单项
首页	无
文化北京	演出、展览、影视
特色文化	古都文化、红色文化、京味文化
特色美食	北京烤鸭、炸酱面、驴打滚
特色景区	故宫、天安门广场
导游服务	联系方式、导游介绍、预约导航
地图和交通	交通路线、地图
联系我们	联系方式、客服电话

鼠标指针移入和移出一级菜单项的效果如图 5-6 所示。

图5-6　鼠标指针移入和移出一级菜单项的效果

知识储备

上滑和下滑元素的方法

如果希望用户单击一个按钮时，一个元素以向下滑动的动画效果显示，且当单击另一个按钮时，该元素从当前位置向上滑动并隐藏，可以使用 jQuery 中上滑和下滑元素的方法来实现。

jQuery 中上滑和下滑元素的方法如表 5-3 所示。

表 5-3   上滑和下滑元素的方法

方法	说明
slideDown([duration][, easing][, complete])	通过向下滑动的方式显示元素
slideUp([duration][, easing][, complete])	通过向上滑动的方式隐藏元素
slideToggle([duration][, easing][, complete])	使元素在显示和隐藏状态之间切换

上述方法中的参数 duration、easing 和 complete 与表 5-1 中方法的参数的含义一致，此处不再赘述。

为了帮助读者更好地理解上滑和下滑元素的方法，接下来对表 5-3 中列举的方法进行详细讲解。

① slideDown()方法通过向下滑动的方式显示元素，直到元素完全展开。

② slideUp()方法通过向上滑动的方式隐藏元素，直到元素的高度变为 0。在高度变为 0 之后，slideUp()方法会将元素的 display 属性值设置为 none，以防止元素仍然占据空间并干扰其他元素的布局。

③ slideToggle()方法可以使元素在显示和隐藏状态之间进行切换。如果元素当前是可见的，则调用 slideToggle()方法会将元素向上滑动隐藏；如果元素当前是隐藏的，则调用 slideToggle()方法会将元素向下滑动显示。

为了让读者更好地掌握上滑和下滑元素的方法，下面以 slideUp()方法为例，演示如何实现图像上滑隐藏，示例代码如下。

```
1   <head>
2    <style>
3     input {
4       margin-bottom: 20px;
5     }
6     div {
7       width: 200px;
8       height: 500px;
9       text-align: center;
10      background: url("images/flag.png") top center no-repeat;
11      background-size: 200px 500px;
12     }
13     div span {
14       margin-top: 50px;
15       line-height: 50px;
16       display: inline-block;
17       width: 40px;
18       font-family: "KaiTi";
19       font-size: 40px;
20       color: #ff0;
21     }
```

```
22    </style>
23  </head>
24  <body>
25    <input type="button" value="滑动隐藏图像">
26    <div>
27      <span>青春有志须勤奋</span>
28    </div>
29    <script>
30      $('input').on('click', function() {
31        $('div').slideUp('slow');
32      });
33    </script>
34  </body>
```

在上述示例代码中，第 6～12 行代码用于为 div 元素设置宽度、高度、文本对齐方式和背景图像；第 13～21 行代码用于为 div 元素下的 span 元素设置上外边距、行高、显示方式、宽度、字体样式、字号和文字颜色。

第 25 行代码定义了一个按钮，按钮上显示的文字为"滑动隐藏图像"；第 26 行代码定义了一个\<div\>标签，用于存放背景图像；第 27 行代码定义了一个\<span\>标签，用于存放背景图像上显示的文字。

第 30～32 行代码用于获取所有的 input 元素并注册 click 事件。事件处理函数调用 slideUp() 方法将 div 元素以向上滑动的方式隐藏。

上述示例代码运行后，页面上会显示一个"滑动隐藏图像"按钮。单击该按钮后，图像将以向上滑动的方式隐藏，图像的滑动过程演示效果如图 5-7 所示。

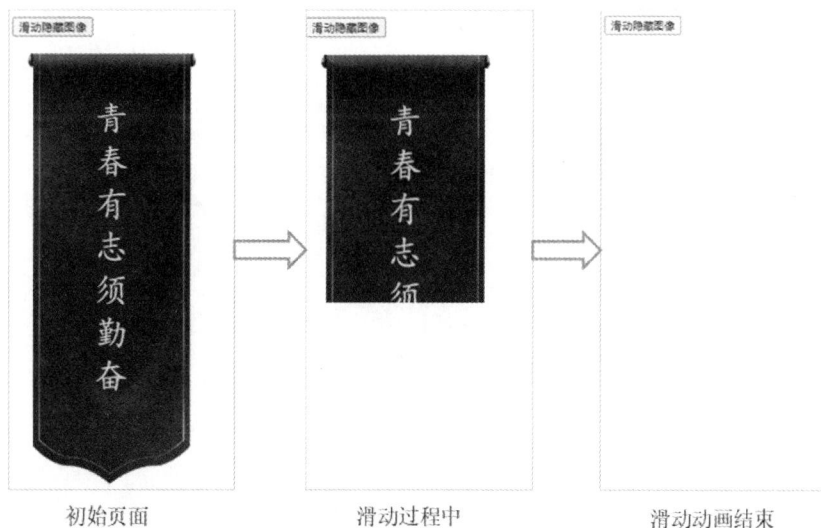

图5-7　图像的滑动过程演示效果

为了更好地分析图像的滑动效果，打开 Chrome 浏览器的开发者工具，单击 Elements

选项卡，选中<div>标签，单击"滑动隐藏图像"按钮后，查看图像的尺寸变化，如图 5-8 所示。

初始页面   滑动过程中   滑动动画结束

图5-8   图像的尺寸变化

<div>标签的 height 属性值逐渐减小到 0，变为 0 后，slideUp()方法将元素的 display 属性值设置为 none，从而实现图像向上滑动隐藏的效果。

任务实现

根据任务需求完成滑动切换导航菜单的开发，具体实现步骤如下。

① 创建 sliderNavigation.html 文件，编写导航菜单的页面结构并引入 jquery-3.6.4.min.js 文件，具体代码如下。

```
1   <!DOCTYPE html>
2   <html>
3   <head>
4     <meta charset="UTF-8">
5     <title>滑动切换导航菜单效果</title>
6   </head>
7   <body>
8     <div>
9       <ul class="menu">
10       <li><a href="#">首页</a></li>
11       <li><a href="#">文化北京</a>
12         <ul>
13           <li><a href="#">演出</a></li>
14           <li><a href="#">展览</a></li>
15           <li><a href="#">影视</a></li>
16         </ul>
17       </li>
18       <li><a href="#">特色文化</a>
19         <ul>
20           <li><a href="#">古都文化</a></li>
21           <li><a href="#">红色文化</a></li>
22           <li><a href="#">京味文化</a></li>
23         </ul>
```

```
24        </li>
25        <li><a href="#">特色美食</a>
26         <ul>
27           <li><a href="#">北京烤鸭</a></li>
28           <li><a href="#">炸酱面</a></li>
29           <li><a href="#">驴打滚</a></li>
30         </ul>
31        </li>
32        <li><a href="#">特色景区</a>
33         <ul>
34           <li><a href="#">故宫</a></li>
35           <li><a href="#">天安门广场</a></li>
36         </ul>
37        </li>
38        <li><a href="#">导游服务</a>
39         <ul>
40           <li><a href="#">联系方式</a></li>
41           <li><a href="#">导游介绍</a></li>
42           <li><a href="#">预约导游</a></li>
43         </ul>
44        </li>
45        <li><a href="#">地图和交通</a>
46         <ul>
47             <li><a href="#">交通路线</a></li>
48             <li><a href="#">地图</a></li>
49         </ul>
50        </li>
51        <li><a href="#">联系我们</a>
52         <ul>
53             <li><a href="#">联系方式</a></li>
54             <li><a href="#">客服电话</a></li>
55         </ul>
56        </li>
57     </ul>
58   </div>
59   <script src="jquery-3.6.4.min.js"></script>
60 </body>
61 </html>
```

在上述代码中，第 10~56 行代码定义了 8 个一级菜单项以及相应的二级菜单项。

② 在步骤①的第 5 行代码的下方编写导航菜单页面的样式代码，具体代码如下。

```
1 <style>
2   html, body, ul, li {
```

```
3        padding: 0;
4        margin: 0;
5    }
6    ul, li {
7        list-style-type: none;
8    }
9    .menu {
10       background-color: #000;
11       height: 40px;
12       width: 1200px;
13       font-size: 14px;
14       font-weight: bold;
15       margin: 0 auto;
16   }
17   .menu li {
18       position: relative;
19       float: left;
20       width: 140px;
21   }
22   .menu li a {
23       width: 140px;
24       height: 38px;
25       line-height: 38px;
26       text-decoration: none;
27       color: #fff;
28       display: block;
29       text-align: center;
30   }
31   .menu li a:hover {
32       opacity: 0.6;
33   }
34   .menu li ul {
35       border-top: 1px solid #fff;
36       background-color: #000;
37       display: none;
38       position: absolute;
39       top: 38px;
40       left: 0px;
41   }
42   </style>
```

　　在上述代码中，第 28 行代码设置一级菜单项默认显示，第 31～33 行代码设置鼠标指针移入一级菜单项和二级菜单项时，菜单项的不透明度为 0.6，第 34～41 行代码设置二级菜单项默认不显示且相对于其父元素进行绝对定位。

③ 在步骤①的第 59 行代码的下方编写逻辑代码，实现导航菜单下滑显示和上滑隐藏效果，具体代码如下。

```
1  <script>
2  $('.menu > li').on('mouseenter', function() {
3    $(this).find('ul').stop().slideDown(500);
4  }).on('mouseleave', function() {
5    $(this).find('ul').stop().slideUp('fast');
6  });
7  </script>
```

在上述代码中，第 2~6 行代码用于获取 .menu 类的元素下的直接子元素 li，并注册 mouseenter 事件和 mouseleave 事件。当鼠标指针移入一级菜单项时，先调用 stop() 方法停止正在运行的动画以避免产生冲突，然后再调用 slideDown() 方法以向下滑动的方式显示此一级菜单项下的二级菜单项；当鼠标指针移出一级菜单项时，同样调用 stop() 方法停止动画，然后调用 slideUp() 方法实现二级菜单项向上滑动隐藏效果。

保存上述代码，在浏览器中打开 sliderNavigation.html 文件，然后将鼠标指针移到"特色文化"下的"红色文化"选项上，滑动切换导航菜单效果如图 5-9 所示。

图5-9　滑动切换导航菜单效果

当鼠标指针位于"特色文化"下的"红色文化"选项上时，文字的不透明度改变。

任务 5.3　导航栏下划线跟随选中菜单项滑动效果

任务需求

某企业网站的导航栏太过单调，缺乏吸引人的动态效果，没有足够的互动性，难以吸引用户的关注。为了提升用户体验和增强页面的互动性，该企业决定优化导航栏的交互效果，使用 jQuery 实现导航栏下划线跟随选中菜单项滑动的效果，具体需求如下。

① 当鼠标指针移入导航栏的菜单项时，当前选中的菜单项的下方显示一条下划线。

② 当鼠标指针从当前选中的菜单项移动到另一个菜单项时，下划线平滑地从当前位置滑动到另一个菜单项，整个过程自然、流畅。

③ 当鼠标指针移出当前选中的菜单项时，下划线停留在该菜单项下方，直至下一次鼠

标指针移入。

鼠标指针移入和移出菜单项的效果如图 5-10 所示。

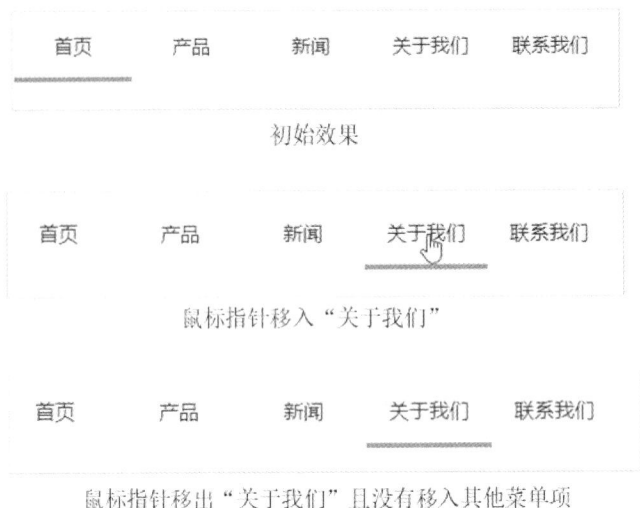

图5-10 鼠标指针移入和移出菜单项的效果

知识储备

操作元素尺寸的方法

在网页开发中，常常需要对元素尺寸进行操作，以满足不同的布局需求和用户交互需求。例如，实现登录框的拖曳特效、图片的放大功能等。为了方便开发者操作元素的尺寸，jQuery 提供了专门用于操作元素尺寸的方法，如表 5-4 所示。

表 5-4　操作元素尺寸的方法

方法	说明
width()	用于获取或设置元素的宽度，不包括内边距、边框宽度和外边距
height()	用于获取或设置元素的高度，不包括内边距、边框宽度和外边距
innerWidth()	用于获取元素的宽度，包括内边距
innerHeight()	用于获取元素的高度，包括内边距
outerWidth([true])	用于获取元素的宽度，包括内边距和边框宽度，如果传入参数 true，则包括外边距
outerHeight([true])	用于获取元素的高度，包括内边距和边框宽度，如果传入参数 true，则包括外边距

为了帮助读者更好地掌握操作元素尺寸的方法，接下来对表 5-4 中列举的方法进行详细讲解。

（1）width()

width()方法用于操作元素的宽度，该方法可以用于获取匹配元素集中第一个元素的宽度，也可以用于设置匹配元素集中每个元素的宽度。调用 width()方法获取的元素的宽度不包括内边距、边框宽度和外边距。

在 jQuery 中，可以使用 jQuery 对象来调用 width()方法，width()方法的语法格式如下。

```
width()                          // 获取元素的宽度
width(value)                     // 设置元素的宽度
width(function(index, width) {}) // 动态设置元素的宽度
```

下面对上述语法格式进行解释，具体如下。

① 当 width()方法不传入参数时，表示获取元素的宽度，返回值为一个数字，单位为 px。

② 当 width()方法传入参数 value 时，表示设置元素的宽度。value 可以是一个数字或一个字符串。如果 value 是一个数字，jQuery 会自动为其添加默认的单位 px；如果 value 是一个字符串，可以直接设置为有效的 CSS 尺寸，如 100px、50%或 auto。

③ 当 width()方法传入一个函数时，表示动态设置元素的宽度。该函数接收两个参数，index 表示元素的索引，width 表示元素设置前的宽度。该函数应返回一个新的宽度。

（2）height()方法

height()方法用于操作元素的高度，该方法可以用于获取匹配元素集中第一个元素的高度，也可以用于设置匹配元素集中每个元素的高度。调用 height()方法获取的元素的高度不包括内边距、边框宽度和外边距。

在 jQuery 中，可以使用 jQuery 对象来调用 height()方法，height()方法的语法格式如下。

```
height()                           // 获取元素的高度
height(value)                      // 设置元素的高度
height(function(index, height) {}) // 动态设置元素的高度
```

在上述语法格式中，当 height()方法不传入参数时表示获取元素的高度，返回值为一个数字，单位为 px；当传入参数 value 时，表示设置元素的高度，value 的含义与 width()方法中 value 参数的含义相同；当传入一个函数时，表示动态设置元素的高度。该函数接收两个参数，index 表示元素的索引，height 表示元素设置前的高度。该函数应返回一个新的高度。

（3）innerWidth()方法和 innerHeight()方法

innerWidth()方法和 innerHeight()方法分别用于获取匹配元素集中第一个元素的宽度和高度。与 width()方法和 height()方法不同的是，这两个方法获取的宽度和高度包括元素的内边距。

下面演示如何使用 innerWidth()方法和 innerHeight()方法获取元素的宽度和高度，并展示其与使用 width()方法和 height()方法获取元素的宽度和高度的区别，示例代码如下。

```
1  <head>
2   <style>
3    div {
4      width: 100px;
5      height: 100px;
6      border: 1px solid #999;
```

```
7          padding: 10px;
8       }
9    </style>
10  </head>
11  <body>
12    <div>这里是内容区域</div>
13    <script>
14      var width = $('div').width();
15      var height = $('div').height();
16      var innerWidth = $('div').innerWidth();
17      var innerHeight = $('div').innerHeight();
18      console.log('width: ' + width);
19      console.log('height: ' + height);
20      console.log('innerWidth: ' + innerWidth);
21      console.log('innerHeight: ' + innerHeight);
22    </script>
23  </body>
```

在上述示例代码中,第 3～8 行代码用于设置 div 元素的宽度、高度、边框宽度和内边距,第 14～17 行代码分别调用 width()方法、height()方法、innerWidth()方法和 innerHeight()方法获取 div 元素的宽度和高度,第 18～21 行代码用于在控制台输出获取到的宽度和高度。

上述示例代码运行后,控制台的输出结果如图 5-11 所示。

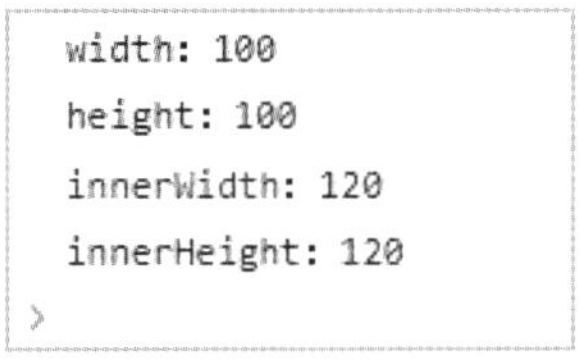

```
width: 100
height: 100
innerWidth: 120
innerHeight: 120
>
```

图5-11　控制台的输出结果

其中,前两个值是通过 width()方法和 height()方法获取到的值,包括元素本身的宽度和高度;后两个值是通过 innerWidth()方法和 innerHeight()方法获取到的值,包括元素本身的宽度、高度和元素内边距,不包含边框宽度。

(4) outerWidth()方法和 outerHeight()方法

outerWidth()方法和 outerHeight()方法可用于获取匹配元素集中第一个元素的宽度和高度。这两个方法可以通过传入的布尔值参数来控制返回的值是否包括元素的外边距。当传入参数为 true 时,这两个方法返回的元素的宽度和高度包括内边距、边框宽度和外边距。当传入参数为 false 或不传入参数时,这两个方法返回的元素的宽度和高度仅包括内边距和边框宽度,不包括外边距。

下面演示如何使用 outerWidth()方法和 outerHeight()方法,并展示传入参数 true 与省略参数的区别,示例代码如下。

```
1  <head>
2    <style>
3      div {
4        width: 100px;
5        height: 100px;
6        border: 1px solid #999;
7        padding: 10px;
8        margin: 2px;
9      }
10   </style>
11 </head>
12 <body>
13   <div>这里是内容区域</div>
14   <script>
15     var outerWidth = $('div').outerWidth();
16     var outerHeight = $('div').outerHeight();
17     var outerWidthWithMargin = $('div').outerWidth(true);
18     var outerHeightWithMargin = $('div').outerHeight(true);
19     console.log('outerWidth: ' + outerWidth);
20     console.log('outerHeight: ' + outerHeight);
21     console.log('outerWidthWithMargin: ' + outerWidthWithMargin);
22     console.log('outerHeightWithMargin: ' + outerHeightWithMargin);
23   </script>
24 </body>
```

在上述示例代码中，第 3～9 行代码用于设置 div 元素的宽度、高度、边框宽度、内边距和外边距，第 15～18 行代码分别调用 outerWidth()方法、outerHeight()方法、outerWidth(true)方法和 outerHeight(true)方法获取 div 元素的宽度和高度，第 19～22 行代码用于在控制台输出获取到的宽度和高度。

上述示例代码运行后，控制台输出的结果如图 5-12 所示。

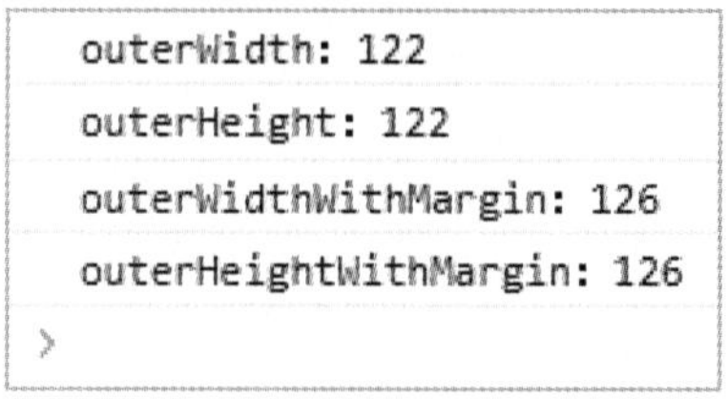

```
outerWidth: 122
outerHeight: 122
outerWidthWithMargin: 126
outerHeightWithMargin: 126
>
```

图5-12　控制台输出的结果

其中，前两个值是通过不带参数的 outerWidth()方法和 outerHeight()方法获取到的值，包括元素本身的宽度、高度和元素内边距、元素边框宽度；后两个值是通过带参数的 outerWidth(true)方法和 outerHeight(true)方法获取到的值，包括元素本身的宽度和高度、元素内边距、元素边框宽度和元素外边距。

为了更好地分析输出结果，打开 Chrome 浏览器的开发者工具，单击 Elements 选项卡，选中<div>标签，在 Styles 面板中会显示出 div 盒模型结构图，如图 5-13 所示。

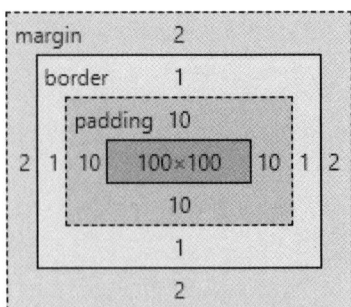

图5-13   div盒模型结构图

可以看出，div 元素的外边距 margin 上、下、左和右都是 2px。带参数 true 的 outerWidth()方法和 outerHeight()方法与不带参数的这两个方法获取的元素的宽度和高度相差 4px，这 4px 就是 div 元素在水平或垂直方向上的外边距之和。

以上讲解了操作元素尺寸的多种方法，并介绍了它们的不同之处和使用情境。在实际开发过程中，掌握并灵活应用这些方法至关重要。恰当地选择和组合这些方法，可以显著提升开发效率，减少开发时间和工作量。

任务实现

根据任务需求完成导航栏下划线跟随选中菜单项滑动效果的开发，具体实现步骤如下。

① 创建 underlineNav.html 文件，编写导航栏的页面结构并引入 jquery-3.6.4.min.js 文件，具体代码如下。

```
1   <!DOCTYPE html>
2   <html>
3   <head>
4     <meta charset="UTF-8">
5     <title>导航栏下划线跟随选中菜单项滑动效果</title>
6   </head>
7   <body>
8     <div class="navbar">
9       <ul>
10        <li>首页</li>
11        <li>产品</li>
12        <li>新闻</li>
13        <li>关于我们</li>
14        <li>联系我们</li>
15      </ul>
16      <span class="underline"></span>
```

```
17    </div>
18    <script src="jquery-3.6.4.min.js"></script>
19  </body>
20  </html>
```

在上述代码中，第 10～14 行代码使用<li>标签定义了 5 个菜单项，内容分别为首页、产品、新闻、关于我们和联系我们；第 16 行代码定义了一个<span>标签并为其添加了 class 属性，属性值为 underline，以设置下划线的样式。

② 在步骤①的第 5 行代码的下方编写导航栏的样式代码，具体代码如下。

```
1   <style>
2     ul, li {
3       padding: 0;
4       margin: 0;
5       list-style: none;
6     }
7     .navbar {
8       position: relative;
9     }
10    ul {
11      display: flex;
12    }
13    li {
14      width: 100px;
15      height: 50px;
16      line-height: 50px;
17      text-align: center;
18      cursor: pointer;
19    }
20    span.underline {
21      position: absolute;
22      left: 0;
23      top: 50px;
24      border: 2px solid #3FA1BF;
25      width: 96px;
26    }
27  </style>
```

在上述代码中，第 7～9 行代码为.navbar 类的元素设置了相对定位；第 20～26 行代码为.underline 类的 span 元素设置了绝对定位，将 span 元素设置在距离其最近被定位的祖先元素的顶部 50px 的位置，并在其底部添加了一条宽为 2px 的边框，从而实现下划线的效果。

③ 在步骤①的第 18 行代码的下方编写逻辑代码，实现导航栏下划线跟随选中菜单项滑动的效果，具体代码如下。

```
1  <script>
2    var num = $('li').outerWidth(true);
3    $('li').on('mouseenter', function () {
4      var index = $(this).index();
5      $('span').stop().animate({
6        left: num * index
7      }, 300);
8    });
9  </script>
```

在上述代码中，第 2 行代码用于获取所有 li 元素，然后调用 outerWidth(true)获取第一个 li 元素的宽度，包括元素的内边距、边框宽度和外边距，将其存储在 num 变量中。

第 3～8 行代码为 li 元素注册了 mouseenter 事件，当鼠标指针移入 li 元素时触发。在事件处理函数中，第 4 行代码用于获取当前 li 元素在同级元素中的索引值，并将其存储在 index 变量中；第 5～7 行代码用于获取所有的 span 元素，并调用 stop()方法停止所有正在运行的动画，然后调用 animate()方法将 span 元素移动到与当前 li 元素对应的位置，动画的持续时间为 300 毫秒。

保存上述代码，在浏览器中打开 underlineNav.html 文件，导航栏效果如图 5-14 所示。

图5-14　导航栏效果（1）

鼠标指针移入"关于我们"菜单项后，导航栏效果如图 5-15 所示。

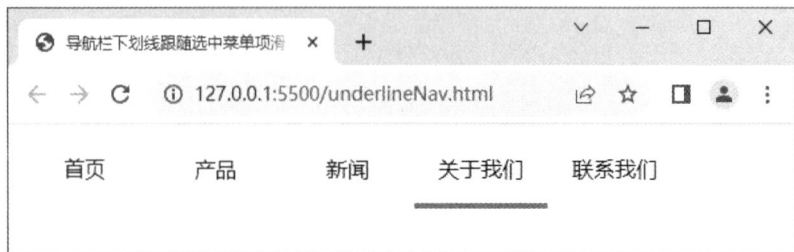

图5-15　导航栏效果（2）

鼠标指针移入"关于我们"菜单项时，下划线会平滑地从"首页"菜单项滑动到"关于我们"菜单项；鼠标指针移出"关于我们"菜单项且没有移入其他菜单项时，下划线停留在"关于我们"菜单项的下方。

本章小结

本章主要讲解如何使用 jQuery 实现动画效果。首先讲解淡入和淡出元素的方法，然后讲解上滑和下滑元素的方法，最后讲解操作元素尺寸的方法。通过学习本章内容，读者应掌握开关灯效果、滑动切换导航菜单效果、导航栏下划线跟随选中菜单项滑动效果的实现方法，并能够灵活运用 jQuery 技术实现丰富的动画效果。

课后习题

一、填空题

1. 在 jQuery 中，可以使用_____方法以淡入的方式显示匹配的元素。

2. 在 jQuery 中，可以使用_____方法以向上滑动的方式隐藏元素。

3. 在 jQuery 中，可以使用_____方法获取元素的宽度，包括内边距、边框宽度和外边距。

4. 在 jQuery 中，可以使用_____方法获取元素的高度，包括内边距。

5. 在 jQuery 中，可以使用_____方法以向下滑动的方式显示元素。

二、判断题

1. 在 jQuery 中，可以使用 innerWidth() 方法获取元素的宽度，但不能设置元素的宽度。（　　）

2. 在 jQuery 中，可以使用 height() 方法获取和设置元素的高度。（　　）

3. 在 jQuery 中，给 width() 方法传递了一个参数 100，表示将元素的宽度设置为 100rem。（　　）

三、选择题

1. 下列选项中，用于获取元素的宽度，且宽度只包括内边距和边框宽度的方法是（　　）。

    A. outerWidth()　　　B. width()　　　　　C. outerWidth(true)　D. innerWidth()

2. 下列选项中，通过淡出的方式逐渐隐藏匹配元素的方法是（　　）。

    A. fadeIn()　　　　　B. fadeOut()　　　　　C. fadeToggle()　　　D. slideIn()

3. 下列选项中，用于在显示和隐藏之间切换元素的滑动效果的方法是（　　）。

    A. slideDown()　　　B. slideUp()　　　　　C. slideToggle()　　　D. fadeToggle()

4. 下列关于 height() 方法的描述中，错误的是（　　）。

    A. 只能获取元素的高度，不能设置元素的高度

    B. 不传递参数时，返回值为一个数字，表示元素的高度，单位为 px

    C. 传递参数 value 时，value 可以是一个数字或一个字符串

    D. 可以用于获取元素本身的高度，不包括内边距、边框宽度和外边距

四、简答题

请简述向 outerWidth()方法传递参数 true 与不传递参数的区别。

五、操作题

请制作星空闪烁的页面效果。页面中默认只有一个"星空展示"按钮，单击该按钮后星空的背景图会滑动显示，背景图完全显示后的页面如图 5-16 所示。

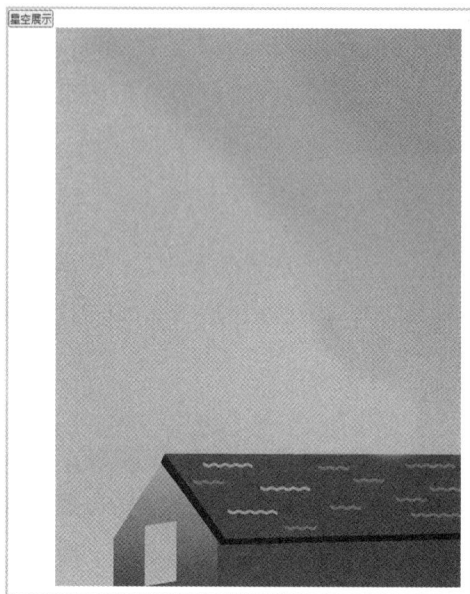

图5-16　背景图完全显示后的页面

背景图完全显示后，星星会以不同的速度闪烁，页面效果如图 5-17 所示。

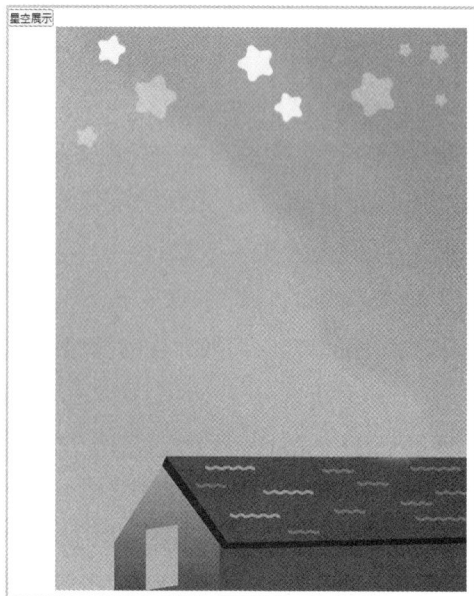

图5-17　闪烁的页面效果

第**6**章

jQuery实现图像效果

知识目标	● 掌握removeAttr()方法的使用方法，能够使用removeAttr()方法删除指定元素的一个或多个属性 ● 掌握nextAll()方法的使用方法，能够使用nextAll()方法获取指定元素之后的所有同级元素 ● 掌握prevAll()方法的使用方法，能够使用prevAll()方法获取指定元素之前的所有同级元素 ● 掌握鼠标指针的位置坐标的获取方法，能够使用事件对象中的offsetX、offsetY、clientX和clientY属性来获取鼠标指针的位置
技能目标	● 掌握星级评价的实现方法，能够完成星级评价功能的开发 ● 掌握图像拖曳的实现方法，能够完成图像拖曳功能的开发 ● 掌握图像切换的实现方法，能够完成图像切换功能的开发

　　在网页设计中，合理运用图像可以提升用户体验。图像不仅能够美化页面，还能帮助用户更好地理解和记忆所呈现的信息。因此，在网页设计中，合理选择和运用图像至关重要。本章将详细讲解如何使用jQuery实现图像效果。

任务6.1　星级评价

任务需求

　　随着网购的普及，用户在完成订单后，通常可以使用评价功能对购买的商品或服务进行评价。这种评价方式可以帮助商家获得用户的反馈，以便改善用户体验和提高服务质量。星级评价是一种常见的评价方式，用户可以通过点亮特定数量的星星来表示他们的满意度。这种评价方式简单明了，星星的数量越多，代表用户越满意，同时商家也会因此获得更高的信誉度。

星级评价的开发需求如下。

① 初始页面中显示 5 个灰色的星星，表示未评价，如图 6-1 所示。

图6-1　未评价的效果

② 当鼠标指针移入某个星星时，该星星及前面的星星都被点亮。当鼠标指针移出所有星星（即鼠标指针不在任意一个星星上）时，所有星星都恢复成灰色。鼠标指针移入第 3 个星星和移出所有星星的效果如图 6-2 所示。

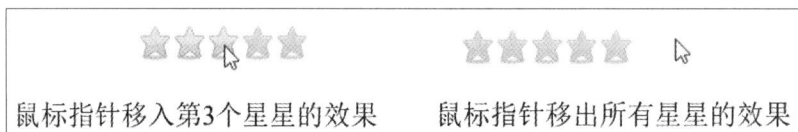

图6-2　鼠标指针移入第3个星星和移出所有星星的效果

③ 单击某个星星即可完成评价，该星星及前面的星星都被点亮。单击某个星星后移出鼠标指针（即鼠标指针不在任意星星上），该星星及前面的星星保持被点亮的状态。鼠标指针单击第 4 个星星并移出所有星星的效果如图 6-3 所示。

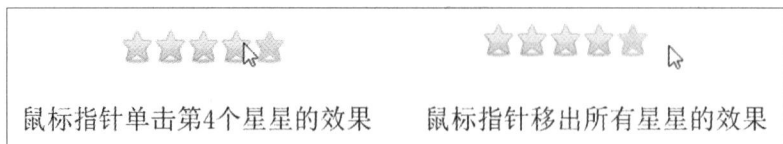

图6-3　鼠标指针单击第4个星星并移出所有星星的效果

知识储备

1. removeAttr()方法

在 HTML 中，每个元素都可以具有多个属性，例如 id、class、href 等。这些属性提供了关于元素的更多信息，并且使开发者能够更轻松地找到和操作这些元素。如果需要删除指定元素的一个或多个属性，可以使用 jQuery 中的 removeAttr()方法来实现。

removeAttr()方法的语法格式如下。

```
removeAttr(attributeName)
```

其中，attributeName 表示属性名，多个属性名用空格分隔。例如，$('.box').removeAttr('id')

可以删除.box 类的元素的 id 属性，$('p').removeAttr('id class')可以删除所有 p 元素的 id 和 class 属性。

下面通过代码演示如何使用 removeAttr()方法实现单击"删除属性"按钮时，删除所有 p 元素的 style 属性，示例代码如下。

```
1  <body>
2    <p style="font-weight: bold">白日依山尽，黄河入海流。</p>
3    <p style="font-weight: bold">欲穷千里目，更上一层楼。</p>
4    <button>删除属性</button>
5    <script>
6      $('button').on('click', function () {
7        $('p').removeAttr('style');
8      });
9    </script>
10 </body>
```

在上述示例代码中，第 2、3 行代码定义了文本，并设置文本的字体为粗体；第 4 行代码定义了"删除属性"按钮；第 6～8 行代码用于获取 button 元素并注册 click 事件。在事件处理函数中，使用$()函数获取 p 元素，并调用 removeAttr()方法删除所有 p 元素的 style 属性。

上述示例代码运行后的初始页面如图 6-4 所示。

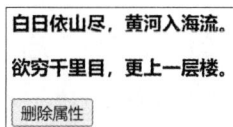

白日依山尽，黄河入海流。

欲穷千里目，更上一层楼。

删除属性

图6-4　初始页面

单击"删除属性"按钮后的页面效果如图 6-5 所示。

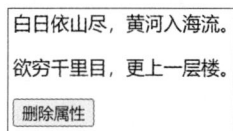

白日依山尽，黄河入海流。

欲穷千里目，更上一层楼。

删除属性

图6-5　单击"删除属性"按钮后的页面效果

单击"删除属性"按钮后，文本取消加粗，说明使用 removeAttr()方法成功删除了所有 p 元素的 style 属性。

2. nextAll()方法

在网页中，如果选择了某个特定元素，可能会对其后面的元素执行特定的操作。在 jQuery 中，可以通过使用 nextAll()方法获取指定元素之后的所有同级元素，但不包括该元素本身，其语法格式如下。

```
nextAll([selector])
```

其中，可选参数 selector 表示选择器，用于匹配指定的元素。

当省略 selector 参数时，nextAll()方法会返回指定元素之后的所有同级元素。例如，$('li.start').nextAll会返回每个.start 类的 li 元素之后的所有同级元素。

当不省略 selector 参数时，nextAll()方法会返回指定元素之后的所有同级元素中符合选择器条件的元素。例如，$('div').nextAll('p')会返回每个 div 元素之后的所有同级 p 元素，$('div').nextAll('.class1, .class2')会返回每个 div 元素之后的所有.class1 类和.class2 类的元素。

下面通过代码演示如何使用nextAll()方法实现更改指定元素之后所有同级元素的CSS样式，示例代码如下。

```
1  <body>
2    <ul>
3      <li>学而时习之，不亦说乎？</li>
4      <li>学而不思则罔，思而不学则殆。</li>
5      <li class="item">学而不厌，诲人不倦。</li>
6      <li>敏而好学，不耻下问。</li>
7      <li>笃信好学，守死善道。</li>
8    </ul>
9    <script>
10     $('li.item').nextAll().css('font-weight', 'bold');
11   </script>
12 </body>
```

在上述示例代码中，第 2～8 行代码定义了一个无序列表；第 10 行代码用于获取.item 类的 li 元素，然后调用 nextAll()方法获取该元素之后的所有同级 li 元素，接着调用 css()方法设置 CSS 样式，将指定元素的字体设置为粗体。

上述示例代码运行后，使用 nextAll()方法实现的页面效果如图 6-6 所示。

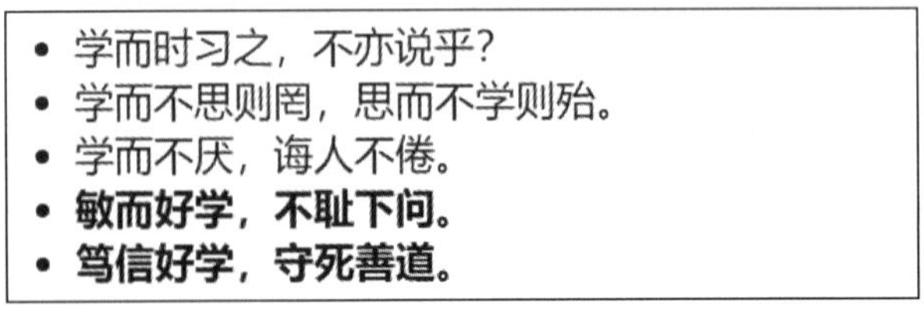

图6-6　使用nextAll()方法实现的页面效果

从图 6-6 可以看出，第 4、5 个列表项的文本字体为粗体，说明使用 nextAll()方法成功获取指定元素之后的所有同级元素并设置 CSS 样式。

3. prevAll()方法

假设有一个文章页面，页面上有一系列的文章卡片。现在想找到选定文章卡片之前的所有文章卡片，以便对它们进行一些操作，比如高亮显示，这时便可以使用 jQuery 中的 prevAll()方法。

prevAll()方法用于获取指定元素之前的所有同级元素，但不包括该元素本身，其语法格式如下。

```
prevAll([selector])
```

其中，可选参数 selector 表示选择器，用于匹配指定的元素。

当省略 selector 参数时，prevAll()方法会返回指定元素之前的所有同级元素。例如，$('li.start').prevAll()会返回每个.start 类的 li 元素之前的所有同级元素。

当不省略 selector 参数时，prevAll()方法会返回指定元素之前的所有同级元素中符合选择器条件的元素。例如，$('div').prevAll('p')会返回每个 div 元素之前的所有同级 p 元素，$('p').prevAll('.class1, .class2')会返回每个 p 元素之前的所有.class1 类和.class2 类的元素。

下面通过代码演示如何使用prevAll()方法实现更改指定元素之前所有同级元素的CSS样式，示例代码如下。

```
1  <body>
2    <p>二十四节气歌</p>
3    <ul>
4      <li>春雨惊春清谷天，夏满芒夏暑相连。</li>
5      <li>秋处露秋寒霜降，冬雪雪冬小大寒。</li>
6      <li class="item">每月两节不变更，最多相差一两天。</li>
7      <li>上半年来六廿一，下半年是八廿三。</li>
8    </ul>
9    <script>
10     $('li.item').prevAll().css('font-weight', 'bold');
11   </script>
12 </body>
```

在上述示例代码中，第 2 行代码定义了标题"二十四节气歌"；第 3～8 行代码定义了一个文本列表；第 10 行代码用于获取.item 类的 li 元素，然后调用 prevAll()方法获取该元素之前的所有同级 li 元素，接着调用 css()方法设置 CSS 样式，将指定元素的字体设置为粗体。

上述示例代码运行后，使用 prevAll()方法实现的页面效果如图 6-7 所示。

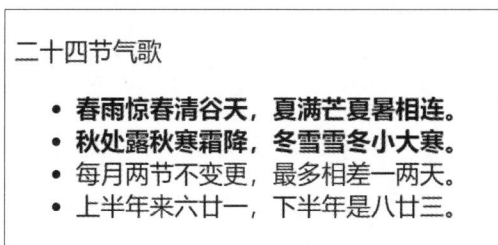

图6-7　使用prevAll()方法实现的页面效果

从图 6-7 可以看出，第 1、2 个列表项的文本字体为粗体，说明使用 prevAll()方法成功获取指定元素之前的所有同级元素并设置 CSS 样式。

任务实现

根据任务需求完成星级评价功能的开发，具体实现步骤如下。

① 创建 D:\jQuery\chapter06 目录，将 jquery-3.6.4.min.js 文件和本章配套源代码中的 images 文件夹复制到该目录，并使用 VS Code 编辑器打开该目录。

② 创建 star.html 文件，编写星级评价页面的结构并引入 jquery-3.6.4.min.js 文件，具体代码如下。

```
1  <!DOCTYPE html>
2  <html>
3    <head>
4      <meta charset="UTF-8">
5      <title>星级评价</title>
6    </head>
7    <body>
8      <ul class="comment">
9        <li></li>
10       <li></li>
11       <li></li>
12       <li></li>
13       <li></li>
14     </ul>
15     <script src="jquery-3.6.4.min.js"></script>
16   </body>
17 </html>
```

在上述代码中，第 8~14 行代码通过<ul>标签定义了一个列表，<ul>标签中包含 5 个<li>标签，表示 5 个列表项，一个列表项用于设置一个星星的位置。

③ 在步骤②的第 5 行代码的下方编写星级评价的样式代码，具体代码如下。

```
1  <style>
2    ul {
3      padding-left: 0;
4    }
5    ul li {
6      float: left;
7      list-style: none;
8      width: 27px;
9      height: 27px;
10     background: url("images/star.gif");
11   }
12   ul li.light {
13     background-position: 0 -29px;
14   }
15 </style>
```

在上述代码中，第 2～4 行代码用于设置列表的左内边距为 0；第 5～11 行代码用于设置列表项的样式，包括设置左浮动、列表项的样式为空白、宽度为 27px、高度为 27px、背景为名称为 star.gif 的图像；第 12～14 行代码用于为.light 类的列表项设置背景图像的位置，包括设置水平方向位置为 0、垂直方向位置为-29px。

④ 在步骤②的第 15 行代码的下方编写逻辑代码，实现鼠标指针移入、鼠标指针移出、单击星星时的页面效果，具体代码如下。

```
1  <script>
2  $('.comment > li').on('mouseover', function () {
3    $(this).addClass('light').prevAll('li').addClass('light');
4    $(this).nextAll().removeClass('light');
5  });
6  $('.comment > li').on('mouseout', function () {
7    $('.comment').find('li').removeClass('light');
8    $('.comment > li[light=on]')
9    .addClass('light')
10   .prevAll()
11   .addClass('light');
12 });
13 $('.comment > li').on('click', function () {
14   $(this).attr('light', 'on').siblings('li').removeAttr('light');
15 });
16 </script>
```

在上述代码中，第 2～5 行代码用于获取所有.comment 类的元素的子元素（li 元素），并注册 mouseover 事件。在事件处理函数中，为当前 li 元素及该元素之前的所有同级元素添加.light 类，表示高亮状态；从当前 li 元素之后的所有同级元素中移除.light 类，表示非高亮状态。

第 6～12 行代码用于获取所有.comment 类的元素的子元素（li 元素）并注册 mouseout 事件。在事件处理函数中，移除所有 li 元素的.light 类。如果有.light 类且属性值为 on 的 li 元素，则为该元素及其之前的所有同级元素添加.light 类。

第 13～15 行代码用于获取所有.comment 类的元素的子元素（li 元素）并注册 click 事件。在事件处理函数中，为 li 元素添加.light 类且属性值为 on，同时将其他同级元素的.light 类移除。

保存上述代码，在浏览器中打开 star.html 文件，星级评价的初始页面如图 6-8 所示。

图6-8　星级评价的初始页面

当鼠标指针移入第 2 个星星时，页面效果如图 6-9 所示。

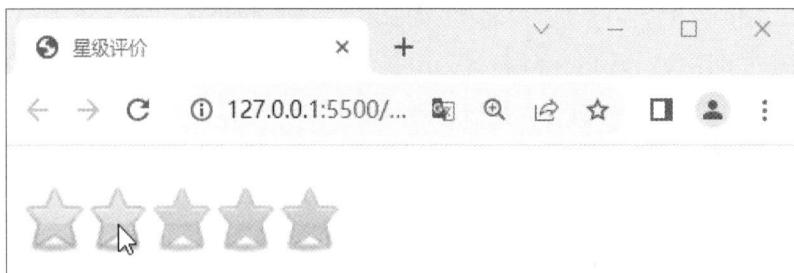

图6-9　鼠标指针移入第2个星星的页面效果

当鼠标指针移出（即鼠标指针不在任意星星上）时，页面效果参考图 6-8。

单击第 5 个星星进行星级评价，完成星级评价的页面效果如图 6-10 所示。

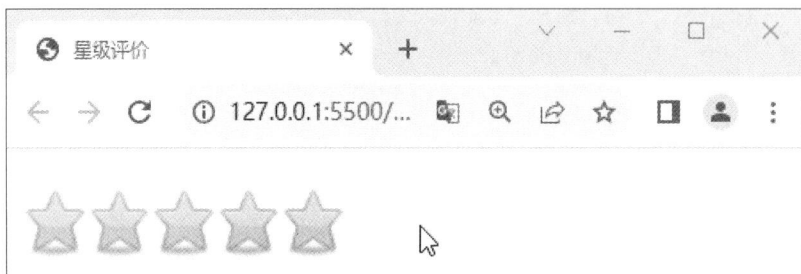

图6-10　完成星级评价的页面效果

完成星级评价后，将鼠标指针移出，被单击的星星及其前面的星星仍保持点亮状态。

任务 6.2　图像拖曳

任务需求

小冬是负责开发在线相册的前端开发人员。为了提升用户的使用体验，他决定在相册中引入一个新的功能——图像拖曳。这个功能将使用户能够通过简单的拖曳操作来调整收藏的图像的顺序，从而更个性化地组织和展示照片。

图像拖曳的开发需求如下。

① 页面中包含"图像拖曳"文本和图像。将鼠标指针移到页面中的"图像拖曳"文本上，按住鼠标左键，拖曳操作开始。

② 按住鼠标左键并拖动鼠标指针，文本和图像会跟随鼠标指针移动。

③ 释放鼠标左键，拖曳操作结束，文本和图像停止跟随鼠标指针移动。

图像拖曳的初始效果如图 6-11 所示。

图6-11　图像拖曳的初始效果

知识储备

鼠标指针的位置坐标

在网页开发中，可以利用鼠标指针的位置坐标来实现一些交互效果，比如鼠标悬停提示和拖曳元素等。鼠标指针的位置坐标是指鼠标指针相对于事件触发元素或在浏览器当前视口中的 x 轴、y 轴坐标。

当事件被触发时，就会产生事件对象。通过事件对象的 offsetX、offsetY、clientX 和 clientY 属性可以获取鼠标指针的位置坐标。其中，offsetX 和 offsetY 表示鼠标指针相对于事件触发元素的 x 轴、y 轴坐标，而 clientX 和 clientY 表示鼠标指针在浏览器当前视口中的 x 轴、y 轴坐标。

下面通过示意图来展示事件对象的 offsetX、offsetY、clientX 和 clientY 属性，如图 6-12 所示。

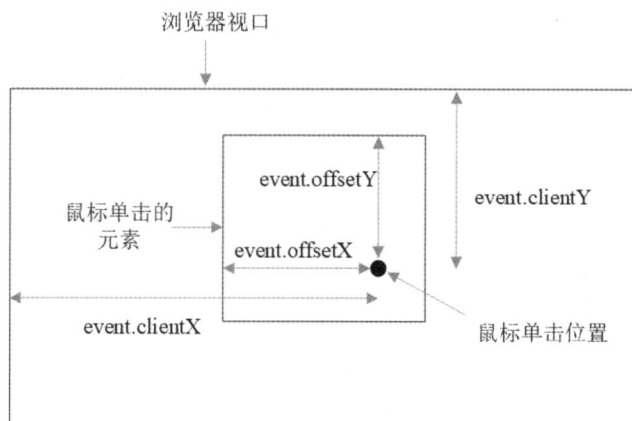

图6-12　offsetX、offsetY、clientX和clientY属性示意

下面通过代码演示如何使用事件对象的属性来获取鼠标指针的位置坐标，示例代码如下。

```
1   <body>
2     <div id="box">获取鼠标指针的位置坐标</div>
3     <script>
4       $('#box').on('click', function (e) {
5         console.log(e.offsetX, e.offsetY, e.clientX, e.clientY);
6       });
7     </script>
8   </body>
```

在上述示例代码中，第 4～6 行代码用于获取 id 属性值为 box 的元素并注册 click 事件。事件处理函数用于在控制台中输出事件对象 e 的 offsetX、offsetY、clientX 和 clientY 属性值。

上述示例代码运行后，单击"获取鼠标指针的位置坐标"文本的某处，控制台的输出结果如图 6-13 所示。

```
76 9 84 17
>
```

图6-13   控制台的输出结果

控制台输出了 4 个值，76、9 分别表示鼠标指针相对于事件触发元素的 x 轴、y 轴坐标，84、17 分别表示鼠标指针在浏览器当前视口中的 x 轴、y 轴坐标。读者可以单击"获取鼠标指针的位置坐标"文本的不同位置，查看鼠标指针的位置坐标。

任务实现

根据任务需求完成图像拖曳功能的开发，具体实现步骤如下。

① 将本章配套源代码中的 css 文件夹复制到 chapter06 目录。

② 创建 pictureDrag.html 文件，编写图像拖曳的相关代码，并引入 jquery-3.6.4.min.js 文件，以及 css 文件夹中的 pictureDrag.css 文件，具体代码如下。

```
1   <!DOCTYPE html>
2   <html>
3   <head>
4     <meta charset="UTF-8">
5     <title>图像拖曳</title>
6     <link rel="stylesheet" href="css/pictureDrag.css">
7   </head>
8   <body>
9     <div id="box">
10      <div id="drag">图像拖曳</div>
11      <img src="images/01.jpg" alt="">
12    </div>
13    <script src="jquery-3.6.4.min.js"></script>
```

```
14 </body>
15 </html>
```

在上述代码中，第 10、11 行代码用于定义拖曳的文本和图像。

③ 在步骤②的第 13 行代码的下方编写逻辑代码，定义所需的变量，具体代码如下。

```
1 <script>
2   var drag_start = false;
3   var _offsetX, _offsetY;
4 </script>
```

在上述代码中，第 2 行代码用于定义 drag_start 变量，表示元素是否开始拖曳，值为 true 表示开始拖曳，值为 false 表示结束拖曳；第 3 行代码用于定义_offsetX 变量、_offsetY 变量，分别表示鼠标指针相对于事件触发元素的 x 轴、y 轴坐标。

④ 在步骤③的第 3 行代码的下方编写逻辑代码，实现按住鼠标左键时开始拖曳操作的功能，具体代码如下。

```
1 $('#drag').on('mousedown', function (e) {
2   drag_start = true;
3   _offsetX = e.offsetX;
4   _offsetY = e.offsetY;
5 });
```

在上述代码中，第 1～5 行代码用于获取 id 属性值为 drag 的元素并注册 mousedown 事件。在事件处理函数中，第 2 行代码将 drag_start 设置为 true，表示开始拖曳；第 3 行代码用于获取鼠标指针相对于事件触发元素的 x 轴坐标，并将其存储在_offsetX 变量中；第 4 行代码用于获取鼠标指针相对于事件触发元素的 y 轴坐标，并将其存储在_offsetY 变量中。

⑤ 在步骤④的第 5 行代码的下方编写逻辑代码，实现按住鼠标左键并拖动鼠标时元素跟随鼠标指针移动的功能，具体代码如下。

```
1 $(document).on('mousemove', function (e) {
2   if (drag_start){
3     $('#box').css('left', e.clientX - _offsetX + 'px');
4     $('#box').css('top', e.clientY - _offsetY + 'px');
5   }
6 });
```

在上述代码中，第 1～6 行代码用于获取整个文档对象并注册 mousemove 事件。在事件处理函数中，若 drag_start 为 true，执行第 3、4 行代码。第 3 行代码用于设置 id 属性值为 box 的元素的 left 属性，以实现水平定位，left 属性值是由当前鼠标指针位置的 clientX 值减去拖曳开始时记录的_offsetX 值得到的。第 4 行代码用于设置 id 属性值为 box 的元素的 top 属性，以实现垂直定位，top 属性值是由当前鼠标指针位置的 clientY 值减去拖曳开始时记录的_offsetY 值得到的。

⑥ 在步骤⑤的第 6 行代码的下方编写逻辑代码，实现释放鼠标左键时结束拖曳操作的

功能，具体代码如下。

```
1  $('#drag').on('mouseup', function () {
2    drag_start = false;
3  });
```

在上述代码中，第 1～3 行代码用于获取 id 属性值为 drag 的元素并注册 mouseup 事件。在事件处理函数中，第 2 行代码将 drag_start 设置为 false，表示结束拖曳。

保存上述代码，在浏览器中打开 pictureDrag.html 文件，图像拖曳的页面效果如图 6-14 所示。

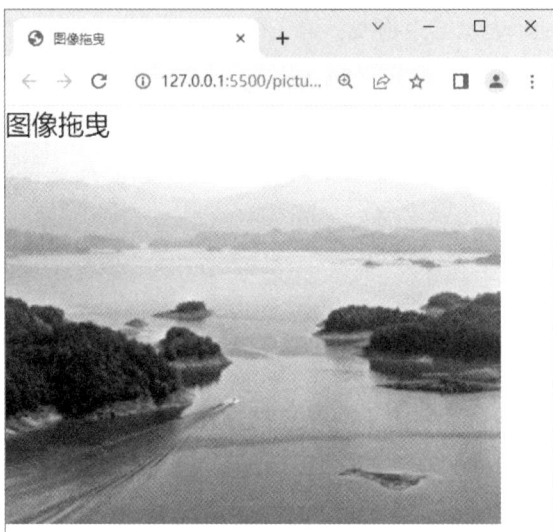

图6-14　图像拖曳的页面效果

将鼠标指针移到页面上的"图像拖曳"文本上并按住鼠标左键，拖曳操作开始。将图像拖曳到页面中心位置的页面效果如图 6-15 所示。

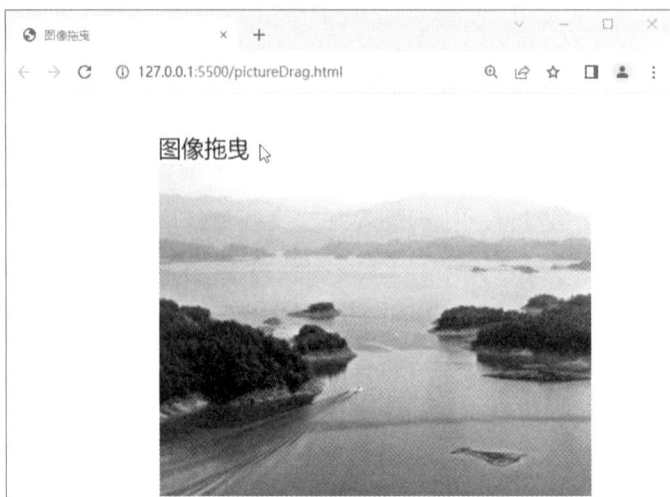

图6-15　将图像拖曳到页面中心位置的页面效果

任务 6.3　图像切换

任务需求

小夏是负责开发风景网站首页的前端开发人员。为了增加网站的吸引力，小夏需要在首页中添加图像切换功能。这个功能可以吸引用户的注意力，提供动态效果和增加视觉吸引力，从而提升用户的兴趣。

图像切换的开发需求是：当用户单击上一页按钮时，展示当前图像的前一张图像；当用户单击下一页按钮时，展示当前图像的后一张图像。

图像切换的效果如图 6-16 所示。

单击第2张图像的上一页按钮的那效果　　　　第2张图像　　　　单击第2张图像的下一页按钮的那效果

图6-16　图像切换的效果

任务实现

根据任务需求完成图像切换功能的开发，具体实现步骤如下。

① 创建 pictureToggle.html 文件，编写图像切换页面的结构，并引入 jquery-3.6.4.min.js 文件，以及 css 文件夹中的 pictureToggle.css 文件，具体代码如下。

```
1   <!DOCTYPE html>
2   <html>
3   <head>
4     <meta charset="UTF-8">
5     <title>图像切换</title>
6     <link rel="stylesheet" href="css/pictureToggle.css">
7   </head>
8   <body>
9     <div id="focus">
10      <ul>
11        <li><img src="images/view01.png" alt=""></li>
12        <li><img src="images/view02.jpg" alt=""></li>
13        <li><img src="images/view03.png" alt=""></li>
14      </ul>
15      <button class="toggle-button previous"></button>
16      <button class="toggle-button next"></button>
17      <div class="number-button">
18        <span>1</span>
```

```
19        <span>2</span>
20        <span>3</span>
21      </div>
22    </div>
23    <script src="jquery-3.6.4.min.js"></script>
24 </body>
25 </html>
```

在上述代码中，第 11～13 行代码用于定义要切换的图像，第 15 行代码用于定义上一页按钮，第 16 行代码用于定义下一页按钮，第 17～21 行代码用于定义图像的序号。

② 在步骤①的第 23 行代码的下方编写逻辑代码，设置上一页按钮、下一页按钮的不透明度，实现鼠标指针移入和移出按钮的动画效果，具体代码如下。

```
1 <script>
2   $('#focus .toggle-button').css('opacity', 0.9)
3   .on('mouseenter', function () {
4     $(this).stop(true, false).animate({ opacity: '0.5' }, 300);
5   }).on('mouseleave', function () {
6     $(this).stop(true, false).animate({ opacity: '0.9' }, 300);
7   });
8 </script>
```

在上述代码中，第 2～7 行代码用于获取 id 属性值为 focus 的元素下的.toggle-button 类元素，设置元素的不透明度为 0.9，以及注册 mouseenter 事件和 mouseleave 事件。当鼠标指针移入该元素时，元素的不透明度从 0.9 逐渐变为 0.5；当鼠标指针移出该元素时，元素的不透明度从 0.5 逐渐变回 0.9。

③ 在步骤②的第 7 行代码的下方编写逻辑代码，设置图像序号的不透明度，具体代码如下。

```
1 $('#focus .number-button').css('opacity', 0.5);
2 $('#focus .number-button span').eq(0).css('opacity', 1)
3 .siblings().css('opacity', 0.4)
```

在上述代码中，第 1 行代码用于获取 id 属性值为 focus 的元素下的.number-button 类元素，并调用 css()方法设置元素的不透明度为 0.5；第 2～3 行代码用于获取 id 属性值为 focus 的元素下的.number-button 类元素下的 span 元素，设置第一个 span 元素的不透明度为 1、其他 span 元素的不透明度为 0.4。

④ 在步骤③的第 3 行代码的下方编写逻辑代码，实现根据索引显示对应图像的效果，具体代码如下。

```
1 var index = 0;
2 var sWidth = $('#focus').width();
3 var len = $('#focus ul li').length;
4 $('#focus ul').css('width', sWidth * len);
5 function showPics(index) {
```

```
6      var nowLeft = -index * sWidth;
7      $('#focus ul').stop(true, false).animate({ left: nowLeft }, 300);
8    }
```

在上述代码中，第 1 行代码用于设置显示图像的索引，默认值为 0，表示显示第 1 张图像；第 2 行代码用于获取 id 属性值为 focus 的元素的宽度，并将其存储在 sWidth 变量中；第 3 行代码用于获取 id 属性值为 focus 的元素下的 ul 元素中 li 元素的数量，并将其存储在 len 变量中；第 4 行代码用于设置 id 属性值为 focus 的元素中 ul 元素的宽度。

第 5~8 行代码定义了一个函数，该函数通过接收到的 index 值显示相应的图像内容。其中，第 6 行代码用于根据 index 值计算 ul 元素的 left 值，表示要将图像滚动到的位置；第 7 行代码用于获取 id 属性值为 focus 的元素下的 ul 元素，然后停止所有正在运行的动画，调用 animate() 方法自定义动画。

⑤ 在步骤④的第 8 行代码的下方编写逻辑代码，实现单击上一页按钮切换到上一张图像、单击下一页按钮切换到下一张图像，具体代码如下。

```
1    $('#focus .previous').on('click', function () {
2      --index;
3      if (index == -1) {
4        index = len - 1;
5      }
6      showPics(index);
7    });
8    $('#focus .next').on('click', function () {
9      index += 1;
10     if (index == len) {
11       index = 0;
12     }
13     showPics(index);
14   });
```

在上述代码中，第 1~7 行代码用于获取 id 属性值为 focus 的元素下的 .previous 类元素并注册 click 事件。在事件处理函数中，第 2 行代码用于设置上一张图像的索引；第 3~5 行代码用于设置当 index 等于-1（即切换到第一张图像的上一张图像）的时候，将 index 设置为最后一张图像的索引；第 6 行代码调用 showPics() 方法，根据更新后的 index 值来显示对应的图像。

第 8~14 行代码用于获取 id 属性值为 focus 的元素下的 .next 类元素并注册 click 事件。在事件处理函数中，第 9 行代码用于设置下一张图像的索引；第 10~12 行代码用于设置当 index 等于图像数量（即切换到最后一张图像的下一张图像）的时候，将 index 设置为 0，即第一张图像的索引；第 13 行代码调用 showPics() 方法，根据更新后的 index 值来显示对应的图像。

⑥ 修改 showPics()方法，为图像序号设置样式，具体代码如下。

```
1  function showPics(index) {
2      ......
3      $('#focus .number-button span').stop(true, false);
4      $('#focus .number-button span').eq(index).animate({ opacity: '1' },
    300).siblings().animate({ opacity: '0.4' }, 300);
5  }
```

在上述代码中，第 3、4 行代码用于修改图像序号的背景颜色不透明度。其中，第 3 行代码调用 stop()方法停止当前动画；第 4 行代码用于获取 id 属性值为 focus 的元素下的.number-button 类元素下的 span 元素，设置与当前图像对应的图像序号的 span 元素的背景颜色不透明度为 1、其他 span 元素的背景颜色不透明度为 0.4。

保存上述代码，在浏览器中打开 pictureToggle.html 文件。图像切换的页面效果如图 6-17 所示。

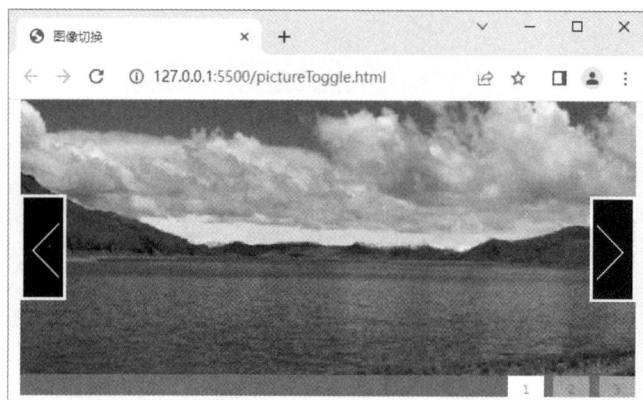

图6-17　图像切换的页面效果

单击上一页按钮后的页面效果如图 6-18 所示。

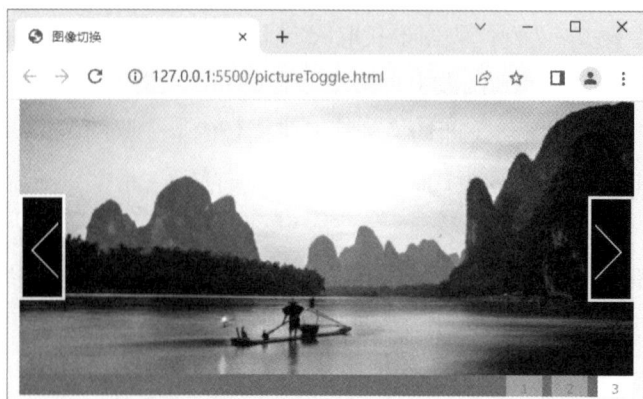

图6-18　单击上一页按钮后的页面效果

单击图 6-17 中的下一页按钮后的页面效果如图 6-19 所示。

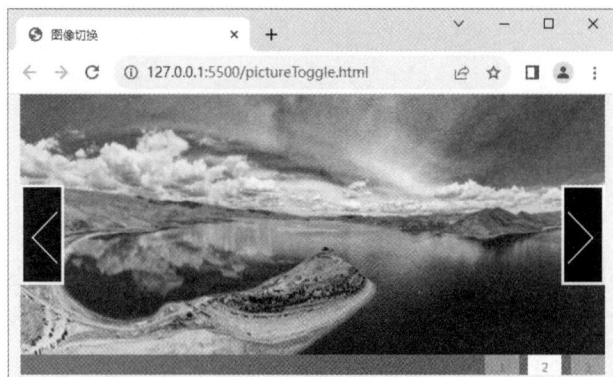

图6-19　单击图6-17中的下一页按钮后的页面效果

从图 6-17～图 6-19 可以看出，单击上一页按钮、下一页按钮后，图像序号的样式会相应改变。

本章小结

本章主要讲解如何使用 jQuery 实现图像效果。首先讲解 removeAttr()方法、nextAll()方法和 prevAll()方法，然后讲解鼠标指针的位置坐标。通过学习本章内容，读者能够掌握星级评价、图像拖曳、图像切换功能的开发，并能够灵活运用 jQuery 技术根据实际开发需求实现各种图像效果。

课后习题

一、填空题

1. 在 jQuery 中，_____方法用于删除指定元素的一个或多个属性。

2. 在 jQuery 中，_____方法用于获取指定元素之后的所有同级元素。

3. 在 jQuery 中，_____方法用于获取指定元素之前的所有同级元素。

4. 通过事件对象的_____属性可以获取鼠标指针相对于事件触发元素的 x 轴坐标。

5. 通过事件对象的_____属性可以获取鼠标指针相对于事件触发元素的 y 轴坐标。

二、判断题

1. $('div').removeAttr('style')表示移除页面中所有 div 元素的 style 属性。（　　）

2. 在使用 prevAll()方法时，若省略 selector 参数，该方法会返回指定元素之前的同级元素中所有符合选择器条件的元素。（　　）

3. nextAll()方法的 selector 参数用于匹配指定的元素。（　　）

4. 在 jQuery 中，通过事件对象的 offsetX 属性可以获取鼠标指针在浏览器当前视口中的

x 轴坐标。（　　　）

三、选择题

1. 下列选项中，用于删除指定元素的一个或多个属性的方法是（　　　）。

　　A. prop()　　　　　　B. data()　　　　　　C. removeAttr ()　　　D. attr()

2. 下列选项中，关于 nextAll() 方法的作用说法正确的是（　　　）。

　　A. nextAll() 方法返回指定元素之后的所有同级元素，包括该元素本身

　　B. nextAll() 方法返回指定元素之前的所有同级元素，包括该元素本身

　　C. nextAll() 方法返回指定元素之后的所有同级元素，但不包括该元素本身

　　D. nextAll() 方法返回指定元素之前的所有同级元素，但不包括该元素本身

3. 下列选项中，用于获取鼠标指针在浏览器当前视口中的 *x* 轴坐标的属性是（　　　）。

　　A. offsetX　　　　　　B. offsetY　　　　　　C. clientX　　　　　　D. clientY

4. 下列选项中，用于获取鼠标指针在浏览器当前视口中的 *y* 轴坐标的属性是（　　　）。

　　A. offsetX　　　　　　B. offsetY　　　　　　C. clientY　　　　　　D. clientX

四、简答题

请简述如何获取鼠标指针的位置坐标。

五、操作题

使用 jQuery 实现图像的左右移动功能，单击"左移"按钮时图像向左移动 100px，单击"右移"按钮时图像向右移动 100px。图像左右移动功能的初始效果如图 6-20 所示。

图6-20　图像左右移动功能的初始效果

第7章

7

jQuery操作表单

知识目标	● 掌握表单提交事件的使用方法，能够实现表单提交事件的注册 ● 掌握序列化表单数据的方法，能够使用 serialize()方法将表单数据序列化为字符串，以及使用 serializeArray()方法将表单数据序列化为数组 ● 掌握焦点事件的使用方法，能够实现焦点事件的注册 ● 掌握改变事件的使用方法，能够实现改变事件的注册 ● 掌握键盘事件的使用方法，能够实现键盘事件的注册 ● 掌握表单选择器的使用方法，能够使用表单选择器获取表单元素
技能目标	● 掌握获取用户注册信息的实现方法，能够完成获取用户注册信息的开发 ● 掌握表单数据验证的实现方法，能够完成表单数据验证的开发

在网页开发中，表单用于收集用户输入的数据，它由多个表单控件（例如文本框、复选框、单选按钮、下拉列表等）和提交按钮组成，用于向服务器提交数据或执行相关操作。为确保数据的准确性和完整性，可以在前端页面对表单进行验证，验证用户输入的数据是否符合要求，并提供必要的反馈和错误提示。本章将详细讲解如何使用 jQuery 操作表单。

任务 7.1 获取用户注册信息

任务需求

某科技公司致力于为用户打造个性化定制和舒适的智能家居系统，以提供智能、便捷和舒适的生活体验。为了进一步提升用户体验，该公司正在开发一个在线平台项目，在这个项目中用户注册具有重要的意义和作用。用户注册不仅有助于公司了解用户的需求，还能为用户提供个性化定制的智能家居服务。用户一旦注册成功，将获得更多智能家居系统的使用和管理权限。为此，领导安排前端开发工程师小磊负责用户注册前端页面的开发任务，具体需求如下。

① 设计一个包含用户名、密码、确认密码和邮箱字段的表单。

② 用户名、密码和确认密码为必填项，邮箱为选填项。

③ 用户提交表单后，获取用户注册信息。

为了便于测试，小磊将获取到的用户注册信息输出到控制台中，通过查看控制台的输出，确认用户注册信息是否成功获取，以及检查信息的准确性和完整性。

当用户填写完注册信息并单击"注册"按钮后，系统会将用户的注册信息输出到控制台中，注册过程及控制台输出结果如图 7-1 所示。

初始页面   填写信息   控制台中输出的信息

图7-1   注册过程及控制台输出结果

知识储备

1. 表单提交事件

表单提交事件在表单提交时触发，可用于验证和处理用户输入的数据，以确保数据的准确性和安全性，该事件只能作用在 form 元素上。

表单提交事件也被称为 submit 事件，可以通过 jQuery 的 on()方法进行注册。

下面通过代码演示如何注册表单提交事件，示例代码如下。

```
1  <body>
2    <form>
3      <label for="username">账号</label>
4      <input type="text" name="username" placeholder="请输入账号" required>
5      <input type="submit" value="提交">
6    </form>
7    <script>
8      $('form').on('submit', function (e) {
9        e.preventDefault();
```

```
10        console.log('表单提交事件执行了');
11      });
12    </script>
13  </body>
```

在上述示例代码中，第 2～6 行代码创建了一个表单，包含一个账号输入框和一个类型为 submit 的按钮，按钮上显示的文字为"提交"；第 8～11 行代码用于获取 form 元素并注册 submit 事件。在事件处理函数中，调用 e.preventDefault()方法取消默认的表单提交行为，阻止表单的自动提交。同时，在控制台中输出一条消息。

上述示例代码运行后，页面会显示一个账号输入框和一个"提交"按钮，在账号输入框中输入内容并单击"提交"按钮后，控制台输出"表单提交事件执行了"，说明成功为元素注册了表单提交事件。

2. 序列化表单数据

在实际开发中，我们有时需要将表单数据序列化为字符串，以便使用 localStorage 存储数据，或者对序列化后的表单数据进行额外处理，例如转换为数组形式。为了方便进行这些操作，jQuery 提供了 serialize()方法和 serializeArray()方法。下面对这两种方法进行详细讲解。

（1）serialize()方法

serialize()方法会自动提取表单中所有含有 name 属性的元素的数据，并将其序列化为一个以 URL 参数形式表示的字符串。被序列化的字符串的格式为"name1=value1&name2=value2 &…"，其中，name 表示表单控件的名称，value 表示对应的值。例如，对于表单中的一个输入框 <input name="username" value="Alice">，调用 serialize()方法将会得到字符串 "username=Alice"。

在 jQuery 中，可以使用基于 form 元素创建的 jQuery 对象来调用 serialize()方法将表单数据序列化为字符串。serialize()方法不接收任何参数，并且会忽略未设置 name 属性或处于禁用状态的元素，这些元素将不会被序列化。

此外，当使用 serialize()方法序列化表单数据时，可能会遇到中文乱码的问题。这是因为 serialize()方法内部使用 encodeURIComponent()方法对数据进行了编码。如果希望正确解码序列化后的数据，需要使用 decodeURIComponent()方法，该方法接收 2 个参数，第 1 个参数是调用 serialize()方法后得到的序列化字符串，第 2 个参数需要设置为 true。

下面通过代码演示如何使用 serialize()方法将表单数据序列化为字符串，示例代码如下。

```
1  <body>
2    <form>
3      <div>姓名: <input type="text" name="username" required></div>
4      <div>年龄: <input type="number" name="age" required></div>
5      <div>性别:
6        <input type="radio" name="gender" value="male" required>男
```

```
7         <input type="radio" name="gender" value="female" required>女
8       </div>
9       <div><input type="submit" value="注册"></div>
10    </form>
11    <script>
12      $('form').on('submit', function (e) {
13        e.preventDefault();
14        var result = $(this).serialize();
15        result = decodeURIComponent(result, true);
16        console.log(result);
17      });
18    </script>
19  </body>
```

在上述示例代码中，第 2～10 行代码创建了一个表单，包含姓名输入框、年龄输入框、选择性别的单选按钮和类型为 submit 的按钮，按钮上显示的文字为"注册"。

第 12～17 行代码用于获取 form 元素并注册 submit 事件，当用户单击"注册"按钮时，表单提交事件触发。在事件处理函数中，第 14 行代码调用 serialize()方法将 form 元素中的数据序列化为字符串，并存储在 result 变量中；第 15 行代码对序列化后的数据进行解码，以避免表单序列化时出现中文乱码的问题；第 16 行代码将序列化后的字符串输出到控制台中。

上述示例代码运行后，在表单中的姓名输入框中输入张三，在年龄输入框中输入 20，并选择性别为男，然后单击"注册"按钮。使用 serialize()方法序列化表单数据的结果如图 7-2 所示。

图7-2　使用serialize()方法序列化表单数据的结果

控制台中输出了序列化后的字符串，说明使用 serialize()方法成功序列化了表单中的数据。

（2）serializeArray()方法

serializeArray()方法会自动提取表单中所有含有 name 属性的元素的数据，并将其序列化为一个包含对象的数组。被序列化的数组的格式为 "[{name: 'name1', value: 'value1'}, {name:

'name2', value: 'value2'}, …]"，其中每个对象都具有 name 和 value 属性。例如，对于表单中的两个输入框<input name="username" value="Alice">和<input name="age" value="25">，调用 serializeArray()方法将会得到数组[{name: 'username', value: 'Alice' }, { name: 'age', value: '25'}]。

在 jQuery 中，可以使用基于 form 元素创建的 jQuery 对象来调用 serializeArray()方法将表单数据序列化为数组。serializeArray()方法不接收任何参数，并且会忽略未设置 name 属性或处于禁用状态的元素，这些元素将不会被序列化。

下面通过代码演示如何使用 serializeArray()方法将表单数据序列化为数组，示例代码如下。

```
1  <body>
2   <form>
3    <div>姓名:<input type="text" name="username" required></div>
4    <div>年龄: <input type="number" name="age" required></div>
5    <div>性别:
6     <input type="radio" name="gender" value="male" required>男
7     <input type="radio" name="gender" value="female" required>女
8    </div>
9    <div><input type="submit" value="注册"></div>
10  </form>
11  <script>
12   $('form').on('submit', function (e) {
13     e.preventDefault();
14     var result = $(this).serializeArray();
15     console.log(result);
16   });
17  </script>
18 </body>
```

在上述示例代码中，第 12～16 行代码用于获取 form 元素并注册 submit 事件，当用户单击"注册"按钮时，表单提交事件触发。在事件处理函数中，调用 serializeArray()方法将 form 元素中的数据序列化为数组，并存储在 result 变量中；然后将序列化后的数组输出到控制台中。

上述示例代码运行后，在表单中的姓名输入框中输入李四，在年龄输入框中输入 25，并选择性别为男，然后单击"注册"按钮。使用 serializeArray()方法序列化表单数据的结果如图 7-3 所示。控制台中输出了序列化后的数组，说明使用 serializeArray()方法成功序列化了表单中的数据。

以上讲解了如何序列化表单中的数据。在开发登录或注册页面时，数据会涉及用户的个人信息，如姓名、年龄和密码等，我们必须高度重视用户信息的安全，遵守相关法律法规，保护用户的信息不被泄露。

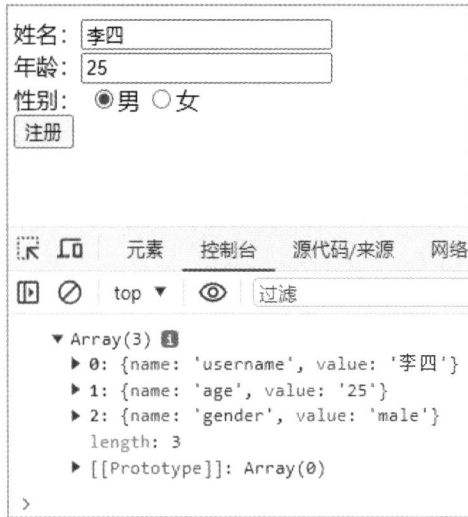

图7-3　使用serializeArray()方法序列化表单数据的结果

任务实现

根据任务需求完成获取用户注册信息功能的开发，具体实现步骤如下。

① 创建 D:\jQuery\chapter07 目录，将 jquery-3.6.4.min.js 文件放入该目录下，并使用 VS Code 编辑器打开该目录。

② 创建 registerForm.html 文件，编写用户注册表单的结构并引入 jquery-3.6.4.min.js 文件，具体代码如下。

```
1   <!DOCTYPE html>
2   <html>
3   <head>
4     <meta charset="UTF-8">
5     <title>获取用户注册信息</title>
6   </head>
7   <body>
8     <form id="register">
9       <div>
10        <label for="username">用户名: </label>
11        <input type="text" name="username" id="username" required>
12      </div>
13      <div>
14        <label for="pwd">密码: </label>
15        <input type="password" name="pwd" id="pwd" required>
16      </div>
17      <div>
18        <label for="repwd">确认密码: </label>
19        <input type="password" name="repwd" id="repwd" required>
```

```
20      </div>
21      <div>
22        <label for="email">邮箱: </label>
23        <input type="email" name="email" id="email">
24      </div>
25      <div>
26        <input type="submit" value="注册">
27      </div>
28    </form>
29    <script src="jquery-3.6.4.min.js"></script>
30  </body>
31  </html>
```

在上述代码中,创建了一个包含用户名、密码、确认密码和邮箱字段的注册表单。

③ 在步骤②的第 5 行代码的下方编写用户注册表单的样式代码,具体代码如下。

```
1   <style>
2     form {
3       max-width: 300px;
4       margin: 0 auto;
5       padding: 20px;
6       border: 1px solid #ccc;
7       border-radius: 5px;
8       background-color: #f5f5f5;
9     }
10    form div {
11      margin-bottom: 10px;
12    }
13    form label {
14      display: inline-block;
15      width: 80px;
16      font-weight: bold;
17    }
18    form input[type="text"],
19    form input[type="password"],
20    form input[type="email"] {
21      width: 180px;
22      padding: 5px;
23      border: 1px solid #ccc;
24      border-radius: 3px;
25      outline: none;
26    }
27    form div:nth-last-child(1) {
28      text-align: center;
29    }
30    form input[type="submit"] {
```

```
31        padding: 8px 14px;
32        background-color: #4caf50;
33        color: #fff;
34        border: none;
35        border-radius: 3px;
36        cursor: pointer;
37        text-align: center;
38      }
39    </style>
```

在上述代码中，第 18～26 行代码用于为用户名输入框、密码输入框和邮箱输入框设置样式；第 30～38 行代码用于为"注册"按钮设置样式。

④ 在步骤②的第 29 行代码的下方编写逻辑代码，在提交表单后，将表单信息输出到控制台中，具体代码如下。

```
1    <script>
2    $('#register').on('submit', function (e) {
3      e.preventDefault();
4      var serializedData = $(this).serialize();
5      var params = serializedData.split('&');
6      var formData = {};
7      for (var i = 0; i < params.length; i++) {
8        var keyValuePairs = params[i].split('=');
9        var paramName = decodeURIComponent(keyValuePairs[0]);
10       var paramValue = decodeURIComponent(keyValuePairs[1]);
11       formData[paramName] = paramValue;
12     }
13     console.log(`
14       用户名: ${ formData.username }
15       密码: ${ formData.pwd }
16       确认密码: ${ formData.repwd }
17       邮箱: ${ formData.email }
18     `);
19   });
20   </script>
```

在上述代码中，第 2 行代码用于获取 id 属性值为 register 的元素并注册 submit 事件；第 4 行代码调用 serialize()方法将表单数据序列化为字符串，并将序列化后的字符串存储在 serializedData 变量中；第 5 行代码调用 split()方法拆分序列化后的字符串，并将其存储在 params 变量中。

第 6 行代码定义了一个空对象 formData；第 7～12 行代码使用 for 语句遍历拆分后的数组元素，调用 split()方法拆分数组元素的名称和值，将数组元素的名称和值存储在 formData 对象中。

第 13～18 行代码将用户输入的表单信息输出到控制台中。

保存上述代码，在浏览器中打开 registerForm.html 文件，初始页面效果如图 7-4 所示。

图7-4　初始页面效果

在用户名输入框中输入张三，密码和确认密码为 123456，邮箱为 test@mail.test，单击"注册"按钮。提交用户注册信息后的页面效果如图 7-5 所示，控制台中显示用户填写的注册信息。

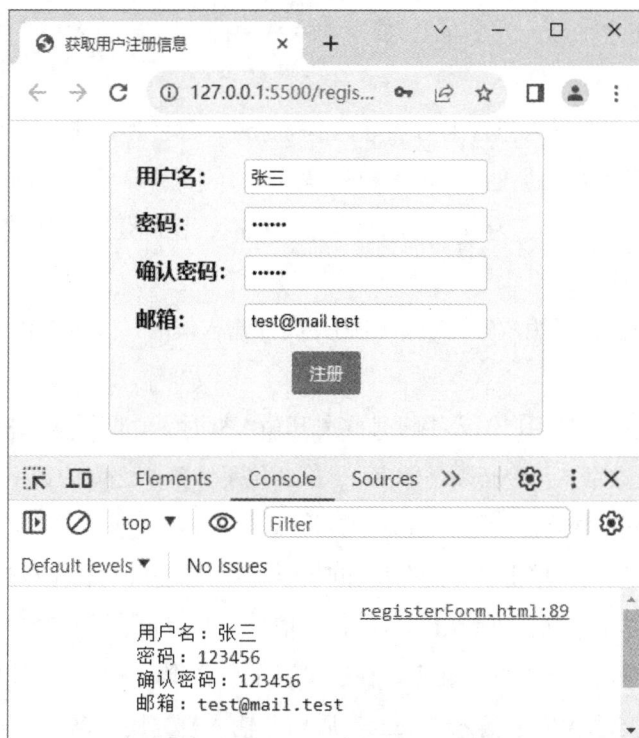

图7-5　提交用户注册信息后的页面效果

任务 7.2　表单数据验证

任务需求

某教育科技公司致力于提供综合的教育解决方案，不仅专注于教学管理系统的开发，还提供全方位的教育培训和课程服务，旨在帮助教育从业者和学生在日新月异的教育环境中获得更多优势。

该公司正在开发一个教学管理系统，领导安排前端工程师小浩负责开发教学管理系统的注册页面。任务要求小浩设计一个用户友好且安全的注册页面，以方便用户轻松创建账户。注册页面需要包含一个表单，并对表单数据进行验证，具体需求如下。

① 设计一个包含用户名、性别、兴趣爱好、密码、确认密码、密码保护问题、密码问题答案和手机号字段的表单。

② 用户名验证：当用户输入用户名并离开输入框时，立即检测用户名格式的正确性。用户名可以包含字母（大小写）和数字，且长度为 6～20 个字符。

③ 密码验证：当用户输入密码并离开输入框时，立即检测密码格式的正确性。当用户按下键盘上的某个键并在释放该键时，根据输入的内容动态更新进度条的进度和密码强度（弱、中、强）。

● 密码可以包含字母（大小写）、数字和特殊字符（!、@、#、$、%、^、&、*），且长度为 6～18 个字符。

● 根据输入的密码是否包含大写字母、小写字母、数字和特殊字符（!、@、#、$、%、^、&、*）这 4 个特征更新进度条的进度和密码强度。当低于 3 个特征时，密码强度为弱；当满足 3 个特征时，密码强度为中；当满足 4 个特征时，密码强度为强。每满足 1 个特征，密码框增加 50px 的宽度。

④ 确认密码验证：当用户输入确认密码并离开输入框时，立即检测确认密码和密码是否一致。

⑤ 手机号码验证：当用户输入手机号并离开输入框时，立即检测手机号格式的正确性。手机号码包含 11 位数字，开头必须是数字 1，第 2 位是 3 到 9 之间的数字，剩余 9 位数字可以是 0 到 9 之间的任意数字。

⑥ 表单提交：当用户单击"注册"按钮时，检测兴趣爱好是否至少选择了 2 项。如果用户未选择或只选择了 1 项，则弹出相应的提示信息，并阻止表单提交。

由于注册页面涉及的数据验证较多，在这里以用户名验证为例，查看用户名输入有误的验证结果。在用户名输入框中输入"wang"后离开输入框，用户名输入有误的页面效果如图 7-6 所示。

初始页面　　　　　　　　　输入用户名 "wang"　　　　　　　　用户名输入有误的情况

图7-6　用户名输入有误的页面效果

知识储备

1. 焦点事件

焦点事件是指元素获得焦点或失去焦点时触发的事件。常见的焦点事件包括 focus 事件、blur 事件、focusin 事件和 focusout 事件，这些焦点事件可以监测用户与页面元素的交互，实现表单验证、样式变化、交互反馈等功能。

常见的焦点事件及其说明如表 7-1 所示。

表 7-1　常见的焦点事件及其说明

事件	说明
focus	当元素获得焦点时触发的事件
blur	当元素失去焦点时触发的事件
focusin	当元素或其子元素获得焦点时触发的事件
focusout	当元素或其子元素失去焦点时触发的事件

上述焦点事件可以通过 jQuery 的 on()方法进行注册。需要注意的是，进行焦点事件注册时，必须将焦点事件注册在可见的元素上。此外，focus 事件和 blur 事件不会冒泡，只会在具体的元素上触发；而 focusin 和 focusout 事件是冒泡的，可以在祖先元素上捕获这些事件。

下面通过代码演示如何注册 focus 事件和 blur 事件，改变输入框的背景颜色和文字颜色，示例代码如下。

```
1  <body>
2    账号：<input type="text" value="请输入账号" name="username">
3    <script>
4     $('input').on('focus', function () {
5       $(this).css({'background-color': 'gray', 'color': 'white'});
6     }).on('blur', function () {
7       $(this).css({'background-color': '', 'color': 'black'});
8     });
9    </script>
10 </body>
```

在上述示例代码中，第 2 行代码创建了一个账号输入框；第 4～8 行代码用于获取所有的 input 元素并注册 focus 事件和 blur 事件。在元素获得焦点时，通过 css()方法将选中元素的背景颜色设置为灰色，将文字颜色设置为白色；在元素失去焦点时将元素的背景颜色重置为空，即恢复默认样式，同时将文字颜色设置为黑色。

上述示例代码运行后，页面会显示一个输入框，单击该输入框，使其获得焦点，如图 7-7 所示。

图7-7　获得焦点

单击输入框以外的区域，使其失去焦点，如图 7-8 所示。

图7-8　失去焦点

从图 7-7 和图 7-8 可以看出，当输入框获得焦点时，文字的颜色变为白色，且背景颜色变为灰色；当输入框失去焦点时，文字的颜色变为黑色，背景颜色恢复默认样式。

2. 改变事件

改变事件在元素的值发生改变且失去焦点时触发，适用于监控文本框、单选按钮、复选框、下拉列表等表单控件的内容变化。例如，在文本框中输入内容、选择单选按钮、选中复选框、选择下拉列表中的选项等情况下，当元素失去焦点时，如果值发生变化，改变事件就会被触发。

改变事件也被称为 change 事件，可以通过 jQuery 的 on()方法进行注册。

下面通过代码演示如何注册 change 事件。当输入框失去焦点且值发生改变时，将新值显示在页面中，并将输入框的背景颜色设置为灰色，示例代码如下。

```
1  <body>
2    账号:<input type="text" name="username">
3    <span></span>
4    <script>
5      $('input').on('change', function () {
6        var oInput = $(this).val();
7        $('span').text(oInput);
8        $(this).css('background-color', 'gray');
9      });
10   </script>
11 </body>
```

在上述示例代码中，第 5～9 行代码用于获取所有的 input 元素并注册 change 事件。在事件处理函数中，第 6、7 行代码调用 val()方法获取输入框的当前值，并将其设置为 span 元素的文本内容；第 8 行代码将输入框的背景颜色设置为灰色。

上述示例代码运行后，页面会显示一个输入框，在输入框中输入张三，然后单击输入框以外的区域，改变事件被触发后的页面效果如图 7-9 所示。

账号：张三　　　　　　　　　　　张三

图7-9　改变事件被触发后的页面效果

账号张三在页面中显示，并且输入框的背景颜色变为灰色。

3. 键盘事件

键盘事件是指在用户使用键盘时触发的事件。常见的键盘事件包括 keydown 事件和 keyup 事件，这些键盘事件用于监听和处理键盘操作的变化。

通常情况下，我们会给文档对象（document）、窗口对象（window）以及表单元素（如 input 元素、textarea 元素和 select 元素等）注册键盘事件来监听用户的键盘输入。文档对象和窗口对象可以用来监听整个文档或窗口的键盘操作，而表单元素主要用于监听用户在表单中的键盘输入。

常见的键盘事件及其说明如表 7-2 所示。

表 7-2　常见的键盘事件及其说明

事件	说明
keydown	当用户按下键盘上的任意按键时触发，只能检测单个键被按下的情况。在长时间按住某个键的情况下，事件会不断重复触发
keyup	当用户释放键盘上的按键时触发的事件，适用于所有键盘按键，包括字符键、功能键和修饰键等

上述键盘事件可以通过 jQuery 的 on()方法进行注册。

下面通过代码演示如何注册 keydown 事件，实时监测用户按下的键，并做出相应的响应，示例代码如下。

```
1  <script>
2  $(document).on('keydown', function (e) {
3    var isAlphabetKey = /[a-zA-Z]/.test(e.key);
4    var isNumericKey = /[0-9]/.test(e.key);
5    if (e.key === 'Shift'){
6      console.log('按下了 Shift 键');
7    } else if (isAlphabetKey){
8      console.log('按下了字母键');
9    } else if (isNumericKey){
10     console.log('按下了数字键');
```

```
11      }
12    });
13  </script>
```

在上述示例代码中,第 2～12 行代码用于获取文档中的所有元素并注册 keydown 事件。在事件处理函数中,第 3 行代码使用正则表达式检测按下的键是否为字母键,并将结果存储在变量 isAlphabetKey 中;第 4 行代码使用正则表达式检测按下的键是否为数字键,并将结果存储在变量 isNumericKey 中;第 5～11 行代码使用 if 语句根据用户按下的键做出相应的处理。如果按下了 Shift 键,在控制台中输出"按下了 Shift 键";如果按下了字母键,在控制台中输出"按下了字母键";如果按下了数字键,在控制台中输出"按下了数字键"。

上述示例代码运行后,在浏览器窗口具有焦点的情况下,当用户按下 Shift 键、字母键和数字键时,控制台会显示相应的信息。这说明成功注册了 keydown 事件并且监测到了 Shift 键、字母键和数字键的变化。

4. 表单选择器

在日常开发中,如果需要对表单进行操作,首先需要获取目标表单元素。为了方便地获取表单元素,可以使用 jQuery 提供的表单选择器。常用的表单选择器如表 7-3 所示。

表 7-3 常用的表单选择器

选择器	说明
:input	用于获取页面中的所有表单元素,包括 input 元素、select 元素和 textarea 元素
:text	用于获取所有文本框元素,即 type="text"的 input 元素
:password	用于获取所有密码框元素,即 type="password"的 input 元素
:radio	用于获取所有单选按钮元素,即 type="radio"的 input 元素
:checkbox	用于获取所有复选框元素,即 type="checkbox"的 input 元素
:submit	用于获取所有提交按钮元素,即 type="submit"的 input 元素
:reset	用于获取所有重置按钮元素,即 type="reset"的 input 元素
:image	用于获取所有图像域元素,即 type="image"的 input 元素
:button	用于获取所有按钮元素,包括 button 元素和 type="button"的 input 元素
:file	用于获取所有文件域元素,即 type="file"的 input 元素
:hidden	用于获取所有隐藏表单项元素,即 type="hidden"的 input 元素
:enabled	用于获取所有可用表单元素
:disabled	用于获取所有不可用表单元素
:checked	用于获取所有选中的表单元素,主要针对单选按钮和复选框
:selected	用于获取所有选中的表单元素,主要针对下拉列表

需要注意的是,虽然表单选择器 input 与:input 都可以获取表单元素,但是它们的功能有

一定的区别，前者仅能获取 input 元素，后者则可以同时获取页面中的所有表单元素，包括 input 元素、select 元素和 textarea 元素。

任务实现

根据任务需求完成表单数据验证功能的开发，具体实现步骤如下。

① 创建 js\form.js 文件，该文件用于保存表单逻辑代码。

② 创建 formValidation.html 文件，编写用户注册表单的结构并引入 jquery-3.6.4.min.js 文件和 form.js 文件，具体代码如下。

```html
1   <!DOCTYPE html>
2   <html>
3   <head>
4     <meta charset="UTF-8">
5     <title>表单数据验证</title>
6   </head>
7   <body>
8     <form>
9       <div class="content">
10        <div class="head">
11          <h4 align="center">教学管理系统注册界面</h4>
12        </div>
13        <table align="center" cellpadding="5">
14          <tr>
15            <td>用户名：</td>
16            <td>
17              <input type="text" name="username" id="username" required class="inp">
18              <p>用户名可以包含字母和数字，且长度为 6～20 个字符</p>
19            </td>
20          </tr>
21          <tr>
22            <td>性别：</td>
23            <td>
24              <input type="radio" name="gender" value="male" required>男
25              <input type="radio" name="gender" value="female" required>女
26              <p>*必须选择性别</p>
27            </td>
28          </tr>
29          <tr>
30            <td>兴趣爱好：</td>
31            <td>
32              <input type="checkbox" name="like[]" value="read">阅读
```

```
33              <input type="checkbox" name="like[]" value="game">运动
34              <input type="checkbox" name="like[]" value="travel">旅行
35              <input type="checkbox" name="like[]" value="art">美术
36              <input type="checkbox" name="like[]" value="music">音乐
37              <input type="checkbox" name="like[]" value="dance">舞蹈
38              <input type="checkbox" name="like[]" value="activity">社交活动
39          <p>至少选择 2 项兴趣爱好</td>
40      </tr>
41      <tr>
42        <td>密码: </td>
43        <td>
44          <input type="password" name="pwd" id="pwd" required class="inp">
45          <p>密码可以包含字母、数字和特殊字符（!、@、#、$、%、^、&、*），且长度为 6～18
    个字符</p>
46          密码强度: <span class="progress-bar"><span class="progress"></span>
    <span class="level"></span></span>
47        </td>
48      </tr>
49      <tr>
50        <td>确认密码: </td>
51        <td>
52          <input type="password" name="repwd" id="repwd" class="inp" required>
53          <p>确认密码必须与密码保持一致</p>
54        </td>
55      </tr>
56      <tr>
57        <td>密码保护问题: </td>
58        <td>
59          <select class="inp" name="select">
60            <option value="0" disabled>--请选择密码保护问题--</option>
61            <option value="1" selected>你喜欢的体育运动是什么？</option>
62            <option value="2">你喜欢的颜色是什么？</option>
63            <option value="3">你的原籍是哪里？</option>
64            <option value="4">你就读的中学是哪个学校？</option>
65          </select>
66        </td>
67      </tr>
68      <tr>
69        <td>密码问题答案: </td>
70        <td><input type="text" name="answer" class="inp" required></td>
71      </tr>
72      <tr>
```

```
73        <td>手机号: </td>
74        <td>
75          <input type="text" name="phoneno" id="phoneno" class="inp">
76          <p>手机号必须符合手机号格式</p>
77        </td>
78      </tr>
79      <tr>
80        <td colspan="2" align="center">
81          <input type="submit" value="注 册">
82        </td>
83      </tr>
84    </table>
85   </div>
86 </form>
87 <script src="jquery-3.6.4.min.js"></script>
88 <script src="js/form.js"></script>
89 </body>
90 </html>
```

上述代码创建了一个包含用户名、性别、兴趣爱好、密码、确认密码、密码保护问题、密码问题答案和手机号字段的注册表单。

③ 在步骤②的第 5 行代码的下方编写用户注册表单的样式代码，具体代码如下。

```
1  <style>
2   .content {
3     margin: 0 auto;
4     width: 715px;
5   }
6   .head {
7     width: 700px;
8   }
9   .head h4 {
10     background-color: #36c;
11     line-height: 40px;
12     height: 40px;
13     color: #fff;
14     margin: 0;
15   }
16   td {
17     height: 40px;
18   }
19   .inp {
20     width: 380px;
21     height: 20px;
22     border: 1px solid #999;
```

```
23       border-radius: 5px;
24    }
25    input[type="submit"] {
26       border: 1px solid #999;
27       border-radius: 5px;
28       font-size: 18px;
29       box-shadow: 2px 2px #999;
30       cursor: pointer;
31       background-color: #36c;
32       color: #fff;
33       padding: 5px 20px;
34    }
35    .progress-bar {
36       width: 380px;
37       height: 15px;
38       display: inline-block;
39    }
40    td p {
41       font-size: 14px;
42       color: #666;
43       margin: 0;
44    }
45    .level {
46       font-size: 14px;
47       color: #f00;
48    }
49    .progress {
50       display: inline-block;
51       height: 15px;
52       border-radius: 15px;
53       background: #f00;
54       font-size: 14px;
55       color: #fff;
56       text-align: right;
57       line-height: 15px;
58    }
59  </style>
```

　　在上述代码中，第 2～5 行代码将.content 类元素设置为水平居中并设置其宽度为 715px，第 45～48 行代码用于设置密码强度的样式，第 49～58 行代码用于设置进度条的样式。

　　保存上述代码，在浏览器中打开 formValidation.html，教学管理系统注册界面效果如图 7-10 所示。

图7-10　教学管理系统注册界面效果

④ 在 form.js 文件中编写逻辑代码，当用户输入用户名并离开输入框时，立即检测用户名格式的正确性，具体代码如下。

```
1   $('#username').on('change', function () {
2     var username = $(this).val();
3     var userPattern = /^[a-zA-Z0-9]{6,20}$/;
4     if (userPattern.test(username) == false) {
5       alert('用户名不符合要求，请重新输入。');
6       this.focus();
7     }
8   });
```

在上述代码中，第 1~8 行代码用于获取 id 属性值为 username 的元素并注册 change 事件。在事件处理函数中，第 2 行代码用于获取用户名输入框中的值，并将其存储在 username 变量中；第 3 行代码定义了一个用于验证用户名格式的正则表达式，并将其存储在 userPattern 变量中；第 4~7 行代码调用 test() 方法检测用户名 username 是否符合正则表达式的要求。如果不符合，会弹出一个警告框，提示用户名不符合要求，并将焦点重新聚焦在 id 属性值为 username 的元素上。

查看用户名不符合要求的情况。在用户名输入框中输入 "wang" 后离开输入框，用户名验证结果如图 7-11 所示。

图7-11 用户名验证结果

当输入的用户名不符合要求时弹出了一个警告框，提示用户名不符合要求。读者可以输入一个符合要求的用户名进行测试。

⑤ 在步骤④的第 8 行代码的下方编写逻辑代码，当用户输入密码并离开输入框时，立即检测密码格式的正确性，以及当用户按下键盘上的某个键并在释放该键时，根据输入的内容动态更新进度条的进度和密码强度（弱、中、强），具体代码如下。

```
1  $('#pwd').on('change', function () {
2    var pwd = $(this).val();
3    var pwdPattern = /^[a-zA-Z0-9!@#$%^&*]{6,18}$/;
4    if (pwdPattern.test(pwd) == false) {
5      alert('密码不符合要求，请重新输入。');
6      this.focus();
7    }
8  });
9  var repwdFlag = false;
10 $('#pwd').on('keyup',function () {
11   repwdFlag = false;
12   var pwd = $(this).val();
13   var patterns = [/[0-9]/, /[a-z]/, /[A-Z]/, /[!@#$%^&*]/];
14   var res = 0;
15   for (var i = 0; i < patterns.length; i++) {
```

```
16      if (patterns[i].test(pwd)) {
17        res++;
18      }
19    }
20    var width = res * 50;
21    var text = '';
22    switch (res) {
23      case 0:
24        text = '';
25        break;
26      case 1:
27        text = '25%';
28        break;
29      case 2:
30        text = '50%';
31        break;
32      case 3:
33        text = '75%';
34        break;
35      case 4:
36        text = '100%';
37        break;
38    }
39    $('.progress').css('width', width + 'px').text(text);
40    $('.level').text(res > 0 ? (res < 3 ? '弱' : (res == 3 ? '中' : '强')) : '');
41  });
```

在上述代码中，第 1～8 行代码用于获取 id 属性值为 pwd 的元素并注册 change 事件。在事件处理函数中，第 2 行代码用于获取密码输入框中的值，并将其存储在 pwd 变量中；第 3 行代码定义了一个用于验证密码格式的正则表达式，并将其存储在 pwdPattern 变量中；第 4～7 行代码调用 test()方法检测密码 pwd 是否符合正则表达式的要求。如果不符合，会弹出一个警告框，提示密码不符合要求，并将焦点重新聚焦在 id 属性值为 pwd 的元素上。

第 9 行代码定义了一个全局变量 repwdFlag，用于表示确认密码是否与密码一致，初始值为 false，表示不一致。

第 10～41 行代码用于获取 id 属性值为 pwd 的元素并注册 keyup 事件。在事件处理函数中，第 13 行代码创建了一个数组 patterns，用于判断输入的密码是否包含数字、小写字母、大写字母和特殊字符；第 14 行代码定义了一个 res 变量，初始值为 0；第 15～19 行代码使用 for 语句遍历 patterns 数组，对每个正则表达式进行检测，如果检测结果为 true，则 res 增加 1；第 20～40 行代码根据 res 的值，使用 switch 语句对不同情况进行处理，通过改变相关元素的样式和文本，显示密码的强度。

查看密码不符合要求的情况。在密码输入框中输入 123 后离开输入框，密码验证结果如图 7-12 所示。

图7-12 密码验证结果

当输入的密码不符合要求时弹出了一个警告框，提示密码不符合要求，密码强度显示为弱。读者可以输入一个符合要求的密码进行测试。

⑥ 在步骤⑤的第 41 行代码的下方编写逻辑代码，当用户输入确认密码并离开输入框时，立即检测确认密码和密码是否一致，具体代码如下。

```
1   $('#repwd').on('change', function () {
2     var pwd = $('#pwd').val();
3     var repwd = $(this).val();
4     if (repwd != pwd) {
5       alert('确认密码和密码不一致，请重新输入。');
6       this.focus();
7       repwdFlag = false;
8     } else {
9       repwdFlag = true;
10    }
11  });
```

在上述代码中，第 1～11 行代码用于获取 id 属性值为 repwd 的元素并注册 change 事件。在事件处理函数中，第 2 行代码用于获取密码输入框中的值，并将其存储在 pwd 变量中；第

3 行代码用于获取确认密码输入框中的值，并将其存储在 repwd 变量中；第 4～10 行代码用于判断确认密码和密码是否一致，如果不一致，会弹出一个警告框，提示用户确认密码和密码不一致，并将焦点重新聚焦在 id 属性值为 repwd 的元素上；如果一致，将全局变量 repwdFlag 设置为 true，表示确认密码和密码一致。

　　查看确认密码和密码不一致的情况。首先在密码输入框中输入 admin#123，然后在确认密码输入框中输入 12345 并离开输入框，确认密码验证结果如图 7-13 所示。

图7-13　确认密码验证结果

　　当确认密码和密码不一致时，弹出了一个警告框，提示确认密码和密码不一致。读者可以输入符合要求的密码进行测试，并确保确认密码和密码一致。

　　⑦ 在步骤⑥的第 11 行代码的下方编写逻辑代码，当用户输入手机号并离开输入框时，立即检测手机号格式的正确性，具体代码如下。

```
1  $('#phoneno').on('change', function () {
2    var phoneNo = $(this).val();
3    var phonePattern = /^1[3456789][0-9]{9}$/;
4    if (!phonePattern.test(phoneNo)) {
5      alert('手机号不符合要求，请重新输入。');
6      this.focus();
7    }
8  });
```

在上述代码中,第 1~8 行代码用于获取 id 属性值为 phoneno 的元素并注册 change 事件。在事件处理函数中,第 2 行代码用于获取手机号输入框中的值,并将其存储在 phoneNo 变量中;第 3 行代码定义了一个用于验证手机号格式的正则表达式,并将其存储在 phonePattern 变量中;第 4~7 行代码调用 test()方法检测手机号 phoneNo 是否符合正则表达式的要求。如果不符合,会弹出一个警告框,提示手机号不符合要求,并将焦点重新聚焦在 id 属性值为 phoneno 的元素上。

查看手机号不符合要求的情况。在手机号输入框中输入 157189445 后离开输入框,手机号验证结果如图 7-14 所示。

图7-14   手机号验证结果

当输入的手机号不符合要求时弹出了一个警告框,提示手机号不符合要求。读者可以输入一个符合要求的手机号进行测试。

⑧ 在步骤⑦的第 8 行代码的下方编写逻辑代码,当用户单击"注册"按钮时,检测兴趣爱好是否至少选择了 2 项,具体代码如下。

```
1   $(':submit').on('click', function () {
2       var hobby = $(':checkbox:checked');
3       if(hobby.length < 2){
4           alert('请至少选择 2 项兴趣爱好。');
5           return false;
```

```
6      }
7  });
```

在上述代码中，第 1～7 行代码使用表单选择器:submit 获取所有提交按钮元素并注册 click 事件。在事件处理函数中，第 2 行代码用于获取所有被选中的复选框，并将其存储在 hobby 变量中；第 3～6 行代码通过 if 语句判断选中的复选框数量是否小于 2，如果小于 2，会弹出一个警告框，提示用户至少选择 2 项兴趣爱好，同时会返回 false，以阻止默认的提交行为。

查看兴趣爱好选择不符合要求的情况。在兴趣爱好中选中"旅行"复选框，并单击"注册"按钮，兴趣爱好验证结果如图 7-15 所示。

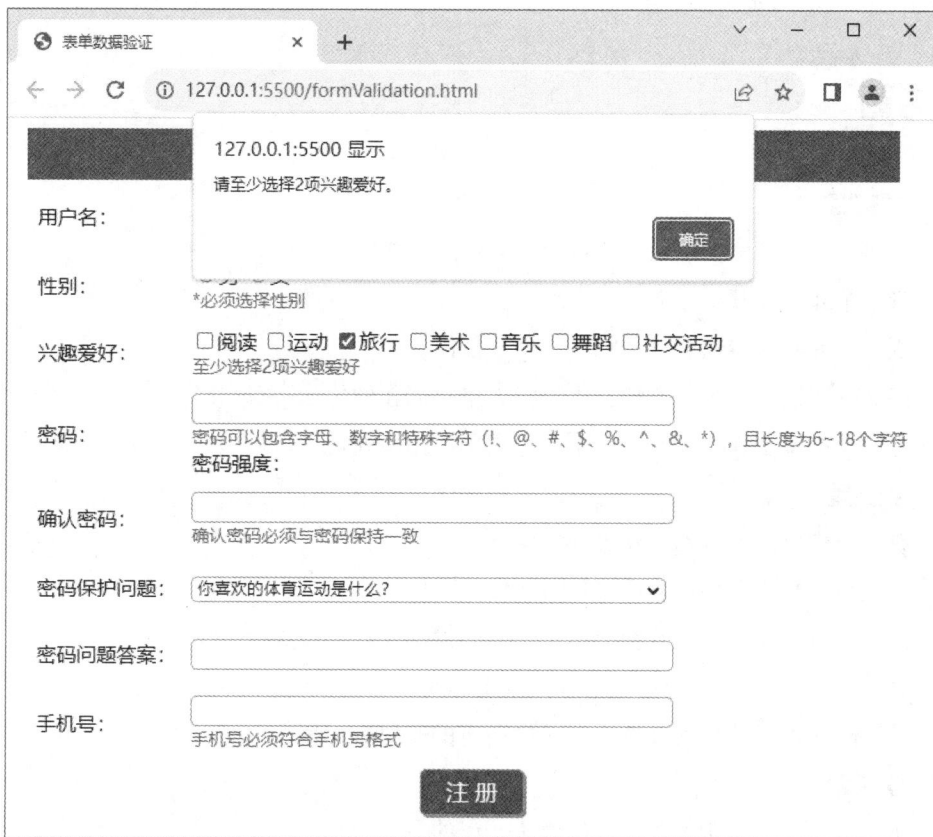

图7-15　兴趣爱好验证结果

当用户只选择了 1 项兴趣爱好时弹出了一个警告框，提示至少选择 2 项兴趣爱好。

上述步骤演示了用户名、密码、确认密码、手机号等不符合要求，以及用户提交表单时给出的相应提示信息。读者可以根据需要尝试输入不同的内容，以查看不同的提示信息。

以上讲解了表单数据验证的实现。表单数据验证在实际开发中非常重要，它能确保用户输入的数据符合格式要求，并提供提示信息，以便及时修正错误。如果没有对输入的数据进行验证，可能会提交不完整或无效的数据，进而导致应用程序无法正常处理用户的请求，或者在后端处理数据时发生错误。在日常生活中，我们也要遵守规章制度和社会道德规范，从个人做起，共同维护一个秩序良好的社会环境。

本章小结

本章主要讲解如何使用 jQuery 操作表单，首先讲解表单提交事件的使用方法和如何序列化表单数据，然后讲解焦点事件、改变事件、键盘事件和表单选择器的使用方法。通过学习本章内容，读者能够掌握如何获取用户注册信息和进行表单数据验证，并能够灵活运用jQuery技术根据实际开发需求操作表单。

课后习题

一、填空题

1. _____事件是指元素获得焦点或失去焦点时触发的事件。

2. 当一个元素或其子元素获得焦点时会触发_____事件。

3. 当一个元素获得焦点时会触发_____事件。

4. jQuery 提供了_____方法，用于将表单数据序列化为字符串。

5. jQuery 提供了_____方法，用于将表单数据序列化为数组。

二、判断题

1. 改变事件可以通过 on()方法进行注册。（　　　）

2. 键盘事件是指在用户使用键盘时触发的事件。（　　　）

3. 焦点事件只能检测元素获得焦点，不能检测元素失去焦点。（　　　）

4. 表单提交事件只能作用在 form 元素上。（　　　）

5. jQuery 中可以使用:text 选择器获取所有的密码框元素。（　　　）

三、选择题

1. 下列选项中，关于键盘事件的说法错误的是（　　　）。

    A. 当用户按下键盘上的任意按键时会触发 keydown 事件

    B. 当用户释放键盘上的按键时会触发 keydown 事件，适用于所有键盘按键

    C. 当用户释放键盘上的按键时会触发 keyup 事件，适用于所有键盘按键

    D. 键盘事件用于监听和处理键盘操作的变化

2. （多选）下列选项中，关于表单选择器的说法正确的是（　　　）。

    A. 选择器:checkbox 用于获取所有的复选框元素

    B. 选择器:submit 用于获取所有提交按钮元素

    C. 选择器:checked 仅用于获取所有选中的单选按钮元素

　　D.　选择器:input 用于获取页面中的所有表单元素，不包括 select 元素

3.　下列选项中，不属于表单选择器的有（　　　）。

　　A.　:reset　　　　　　　B.　:radio　　　　　　　C.　:img　　　　　　　D.　:disabled

四、简答题

1.　请简述表单选择器 input 与:input 的区别。

2.　请简述 keydown 事件和 keyup 事件的作用。

五、操作题

　　创建一个留言板，用户可以在其中输入留言并发表，留言板上将显示用户发表的留言及发表的时间。

　　留言板页面效果如图 7-16 所示。

图7–16　留言板页面效果

　　连续输入 3 条留言并发表的页面效果如图 7-17 所示。

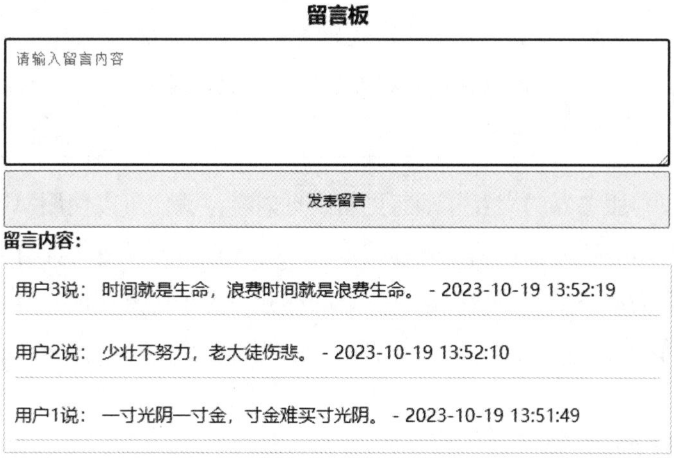

图7–17　连续输入3条留言并发表的页面效果

第 8 章

jQuery操作Ajax

知识目标	● 熟悉 Ajax 的概念，能够归纳 Ajax 的优势 ● 掌握 Ajax 方法的使用，能够根据不同的场景灵活运用 Ajax 方法 ● 掌握 XML 数据格式的使用，能够在浏览器端接收服务器返回的 XML 数据 ● 掌握 JSON 数据格式的使用，能够在浏览器端接收服务器返回的 JSON 数据 ● 掌握事件委派的使用，能够将子元素的事件委派给父元素
技能目标	● 掌握用户登录功能的实现方法，能够完成用户登录功能的开发 ● 掌握用户信息列表的实现方法，能够完成用户信息列表的开发 ● 掌握图书管理系统的实现方法，能够完成图书管理系统的开发

为了实现网页与服务器的交互并动态更新网页内容，我们可以使用 Ajax 技术。Ajax 是一种基于浏览器与服务器异步数据交互的技术。通过 Ajax，可以使网页与服务器进行数据交换，实现网页内容的动态更新，从而提升用户的体验。为了更方便地完成 Ajax 操作，可以使用 jQuery 中提供的 Ajax 方法。本章将详细讲解如何使用 jQuery 操作 Ajax。

任务 8.1　用户登录

任务需求

在现实生活中，我们经常需要使用用户名和密码来访问各种网站。通常情况下，网站会对我们提供的信息进行验证，只有验证成功后，我们才能进行后续操作，如访问个人账户等。

　　某公司正在开发一个用户管理系统，目前正在进行用户登录功能的开发。本任务将使用 Ajax 对用户名和密码进行验证。为了使浏览器端的程序和服务器端的程序可以进行数据交互，双方需要约定一个服务器接口，该接口的具体信息如下。

　　① 接口地址：http://localhost:3000/login。

　　② 请求方式：POST。

　　③ 请求参数：{ "username": "用户名", "password": "密码" }。

　　用户登录的开发需求如下：

　　① 设计 1 个表单，包含用户名、密码和"登录"按钮。

　　② 单击"登录"按钮后，若用户名、密码输入框中未填写用户名和密码的相关信息，弹出提示信息"用户名和密码均需要填写，请检查～"。

　　③ 在用户名输入框中输入 admin，在密码输入框中输入 123456，然后单击"登录"按钮，弹出提示信息"登录成功"。

　　④ 在用户名输入框中输入 admin，在密码输入框中输入 123123，然后单击"登录"按钮，弹出提示信息"登录失败"。

　　用户登录页面如图 8-1 所示。

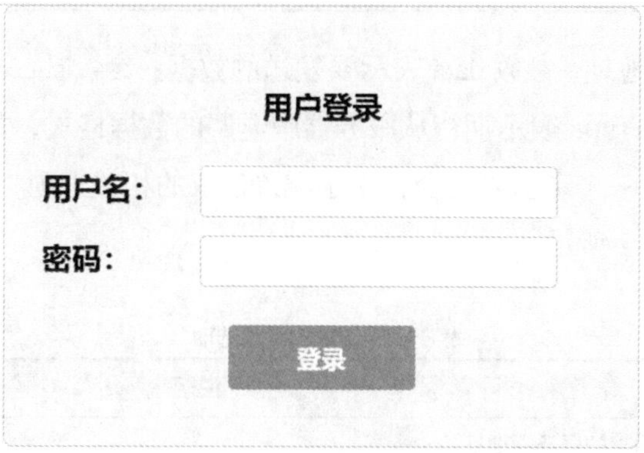

图8-1　用户登录页面

知识储备

1. 什么是 Ajax

　　Ajax 是一种浏览器端技术，由 JavaScript、XML（eXtensible Markup Language，可扩展标记语言）和 DOM（Document Object Model，文档对象模型）等多种技术组合而成。

　　Ajax 的优势如下。

　　① 异步交互：Ajax 使网页与服务器可以在不刷新网页的情况下进行交互，从而确保网页与用户的交互不被中断。

② 减少网络传输数据量和交互延迟的时间：当需要更新网页时，使用 Ajax 可以只更新网页的一部分内容，而不必刷新整个网页，减少了网络传输数据量和交互延迟的时间。

③ 减少服务器负载：通过使用 Ajax，可以使网页在不刷新整个页面的情况下向服务器请求数据、获取数据、并更新页面的特定部分内容。由于只有网页中需要更新的部分会进行动态加载，从而减轻了服务器的处理压力。

2. Ajax 方法

在 JavaScript 中，使用 XMLHttpRequest()构造函数可以进行 Ajax 操作。但为了简化操作，jQuery 提供了更便捷的 Ajax 方法，只需调用相应的方法即可进行 Ajax 操作。调用 Ajax 方法可以更快速地实现 Ajax 功能，减少冗余代码量，并提高开发效率。

jQuery 中常用的 Ajax 方法如表 8-1 所示。

表 8-1　jQuery 中常用的 Ajax 方法

分类	方法	说明
快捷方法	$.get(url[, data][, success][, dataType])	发送 GET 请求
	$.post(url[, data][, success][, dataType])	发送 POST 请求
	$.getJSON(url[, data][, success])	通过 GET 请求从服务器获取 JSON 数据
底层方法	$.ajax(url[, settings])	发送自定义请求

参数 url 表示请求地址；参数 data 表示要发送的数据；参数 success 表示请求成功时执行的回调函数；参数 dataType 表示期待从服务器中返回的数据格式，如 XML、JSON、TEXT 等；参数 settings 表示一个键值对集合，用于配置请求的相关选项，所有选项都是可选的，请求的常用选项如表 8-2 所示。

表 8-2　请求的常用选项

选项	说明
url	处理请求的服务器地址
data	发送请求时传递的数据
type	请求方式，常见的可选值为 GET、POST
dataType	期待的数据格式，常见的可选值为 XML、JSON
async	是否异步执行操作，可选值为 true（默认值）、false
cache	是否缓存，可选值为 true（默认值）、false
contentType	内容类型，默认值为'application/x-www-form-urlencoded; charset=UTF-8'
success	在请求成功时执行的回调函数
complete	在请求完成时执行的回调函数

下面的示例代码中的数据由服务器提供。在使用数据之前，读者需要先从本书配套资源

中找到本知识点的源代码，并进入"服务器端"文件夹。然后在命令提示符窗口中执行"node app.js"命令来启动服务器。一旦服务器成功启动，读者就可以通过指定的端口（例如 3000）进行数据的测试和调试。

下面通过代码演示如何使用$.get()、$.post()和$.ajax()方法，示例代码如下。

```
1   <body>
2     <button id="get_btn">调用$.get()方法发送 GET 请求</button>
3     <button id="post_btn">调用$.post()方法发送 POST 请求</button>
4     <button id="ajax_btn">调用$.ajax()方法发送自定义请求</button>
5     <script>
6       $('#get_btn').on('click', function () {
7         $.get('http://localhost:3000/get', function (msg) {
8           console.log(msg);
9         });
10      });
11      $('#post_btn').on('click', function () {
12        $.post('http://localhost:3000/post', function (msg) {
13          console.log(msg);
14        });
15      });
16      $('#ajax_btn').on('click', function () {
17        $.ajax({
18          type: 'POST',
19          url: 'http://localhost:3000/post',
20          success: function (msg) {
21            console.log(msg);
22          }
23        });
24      });
25    </script>
26  </body>
```

在上述示例代码中，第 6～10 行代码用于获取 id 属性值为 get_btn 的元素并注册 click 事件。在事件处理函数中，调用$.get()方法发送一个 GET 请求到指定 URL，并在请求成功时执行回调函数，以获取从服务器中返回的数据。

第 11～15 行代码用于获取 id 属性值为 post_btn 的元素并注册 click 事件。在事件处理函数中，调用$.post()方法发送一个 POST 请求到指定 URL，并在请求成功时执行回调函数，以获取从服务器中返回的数据。

第 16～24 行代码用于获取 id 属性值为 ajax_btn 的元素并注册 click 事件。在事件处理函数中，调用$.ajax()方法发送一个自定义请求到指定 URL，并在请求成功时执行回调函数，以获取从服务器中返回的数据。

上述示例代码运行后，初始页面效果如图 8-2 所示。

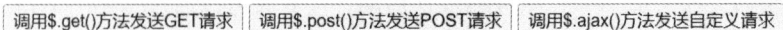

调用$.get()方法发送GET请求　调用$.post()方法发送POST请求　调用$.ajax()方法发送自定义请求

图8-2　初始页面效果

依次单击"调用$.get()方法发送 GET 请求""调用$.post()方法发送 POST 请求""调用$.ajax()方法发送自定义请求"按钮，控制台中输出的结果如图 8-3 所示。

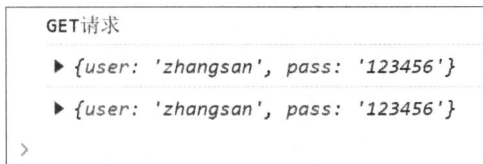

```
GET请求
▶ {user: 'zhangsan', pass: '123456'}
▶ {user: 'zhangsan', pass: '123456'}
>
```

图8-3　控制台中输出的结果

控制台中成功输出数据，并且该数据与服务器返回的数据一致。这说明使用$.get()、$.post()和$.ajax()方法成功地从服务器端获取了数据。

任务实现

根据任务需求完成用户登录功能的开发，具体实现步骤如下。

① 从本书配套资源中找到本任务的源代码，进入"服务器端"文件夹，该文件夹中的内容为 Node.js 本地 HTTP 服务器程序。打开命令提示符窗口，切换工作目录到当前目录，然后在命令提示符窗口中执行如下命令，启动服务器。

```
node app.js
```

② 创建 D:\jQuery\chapter08 目录，将 jquery-3.6.4.min.js 文件和本章配套源代码中的 css 文件夹复制到该目录，并使用 VS Code 编辑器打开该目录。

③ 创建 login.html 文件，编写用户登录页面的结构并引入 jquery-3.6.4.min.js 文件，以及 css 文件夹中的 login.css 文件，具体代码如下。

```
1  <!DOCTYPE html>
2  <html>
3  <head>
4    <meta charset="UTF-8">
5    <title>用户登录</title>
6    <link rel="stylesheet" href="css/login.css">
7  </head>
8  <body>
9    <form>
10     <h4 align="center">用户登录</h4>
11     <div>
12       <label for="username">用户名：</label>
```

```
13        <input type="text" name="username" id="username">
14      </div>
15      <div>
16        <label for="pwd">密码: </label>
17        <input type="password" name="pwd" id="pwd">
18      </div>
19      <div>
20        <input type="submit" value="登录">
21      </div>
22    </form>
23    <script src="jquery-3.6.4.min.js"></script>
24  </body>
25  </html>
```

上述代码创建了一个包含用户名、密码的登录表单。

④ 在步骤③的第 23 行代码的下方编写逻辑代码，单击"登录"按钮时向服务器发送请求，通过服务器进行用户名和密码的验证，具体代码如下。

```
1  <script>
2    $('form').on('submit', function (e) {
3      e.preventDefault();
4      var username = $('#username').val();
5      var password = $('#pwd').val();
6      if (username == '' || password == '') {
7        alert('用户名和密码均需要填写，请检查~');
8      } else {
9        var data = {
10         username: username,
11         password: password,
12       };
13       $.post('http://localhost:3000/login', data, function (data) {
14         alert(data.msg);
15       });
16     }
17   });
18  </script>
```

在上述代码中，第 2～17 行代码用于获取 form 元素并注册 submit 事件。在事件处理函数中，第 3 行代码用于阻止表单的默认提交行为；第 4 行代码用于获取 id 属性值为 username 的元素的值，并将其存储在 username 变量中；第 5 行代码用于获取 id 属性值为 password 的元素的值，并将其存储在 password 变量中。

第 6～16 行代码对 username 变量、password 变量进行 if 判断。如果 username 变量、password 变量中至少有一个变量为空则弹出提示框。如果 username 变量、password 变量均不为空，则调用$.post()方法发送一个 POST 请求到 http://localhost:3000/login，并将 data 对象作为请求数据发送。请求完成后，会执行回调函数。在回调函数中，调用 alert()方法显示服务器返回的 data.msg，这是服务器处理请求后返回的消息。

保存上述代码，在浏览器中打开 login.html 文件，用户登录的初始页面如图 8-4 所示。

图8-4　用户登录的初始页面

未填写用户名和密码时单击"登录"按钮的页面效果如图 8-5 所示。

图8-5　未填写用户名和密码时单击"登录"按钮的页面效果

在用户名输入框中输入 admin，在密码输入框中输入 123456，然后单击"登录"按钮，登录成功，页面效果如图 8-6 所示。

图8-6　登录成功的页面效果

在用户名输入框中输入 admin，在密码输入框中输入 123123，然后单击"登录"按钮，登录失败，页面效果如图 8-7 所示。

图8-7　登录失败的页面效果

读者可以尝试输入不同的用户名和密码，进行用户登录验证。

任务 8.2　用户信息列表

任务需求

在日常生活中，我们经常需要查看用户信息列表来了解一些基本信息。通过将用户的关键信息以易读的方式展示在页面上，其他用户或访问者可以快速了解到用户的姓名、年龄、爱好等基本信息。小悠是跆拳道社团的负责人，他需要开发一个用户信息列表来统计社团中成员的信息。

本任务需通过与服务器通信，从服务器获取用户信息数据，并使用 jQuery 将这些数据渲染在页面的表格中，呈现一个用户信息列表。

为了使浏览器端的程序和服务器端的程序可以进行数据交互，双方需要约定一个服务器接口，该接口的具体信息如下。

① 接口地址：http://localhost:3000/list。

② 请求方式：GET。

③ 请求成功返回的结果如下。

```
[
{ "name": "小春", "age": 20, "hobby": "唱歌", "major": "电子信息工程" },
{ "name": "小夏", "age": 19, "hobby": "跳舞", "major": "通信工程" },
{ "name": "小秋", "age": 21, "hobby": "足球", "major": "计算机科学与技术" },
{ "name": "小冬", "age": 20, "hobby": "篮球", "major": "软件工程" },
]
```

用户信息列表的开发需求如下：

① 设计一个包含用户名、年龄、爱好和专业的表格。

② 使用 jQuery 从服务器中获取用户信息，并将数据渲染在页面中。

用户信息列表的效果如图 8-8 所示。

用户信息列表

用户名	年龄	爱好	专业
小春	20	唱歌	电子信息工程
小夏	19	跳舞	通信工程
小秋	21	足球	计算机科学与技术
小冬	20	篮球	软件工程

图8-8   用户信息列表的效果

知识储备

1. XML 数据格式

在浏览器与服务器进行 Ajax 交互时，确保双方能够正确识别对方发送的信息是非常重要的。为了达到这个目的，可以使用 XML 作为 Ajax 交互的数据格式。

在发送 Ajax 请求时，可以通过将 Ajax 方法中的参数 dataType 设置为 XML 来指定期望接收的数据格式为 XML。这样设置后，如果服务器返回的数据格式是 XML，浏览器会自动将其解析为一个 XML 对象，方便进行后续的处理和操作。

　　下面的示例代码中的数据由服务器提供。在使用数据之前，读者需要先从本书配套资源中找到本知识点的源代码，并进入"服务器端"文件夹。然后在命令提示符窗口中执行"node app.js"命令来启动服务器。一旦服务器成功启动，读者就可以通过指定的端口（例如 3000）进行数据的测试和调试。

　　下面通过代码演示如何在浏览器中接收服务器返回的 XML 数据，示例代码如下。

```
1  <body>
2    <script>
3      $.get('http://localhost:3000/xml', function (msg) {
4        console.log(msg);
5      }, 'xml');
6    </script>
7  </body>
```

　　上述示例代码运行后，控制台中输出的 XML 数据如图 8-9 所示。

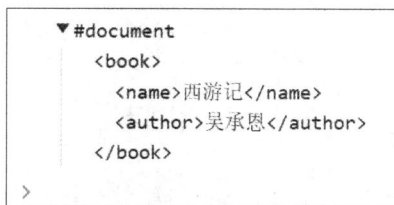

```
▼ #document
    <book>
      <name>西游记</name>
      <author>吴承恩</author>
    </book>
>
```

图8-9　控制台中输出的XML数据

　　从图 8-9 可以看出，浏览器成功地接收到了服务器返回的 XML 数据。

2. JSON 数据格式

　　JSON（JavaScript Object Notation，JavaScript 对象表示法）是一种轻量级的数据交换格式，它采用独立于编程语言的文本格式来存储和表示数据。

　　使用 JSON 可以保存各种类型的数据，包括对象、数字、字符串、数组等。JSON 本质上是字符串，其中对象的属性名和字符串类型的值需要用双引号进行标注。下面演示简单的 JSON 数据，示例代码如下。

```
1  {
2    "name": "小明",
3    "age": 18,
4    "work": true
5  }
```

　　在上述示例代码中，name、age、work 是对象的 3 个属性名，需要使用双引号进行标注；小明是字符串类型的值，也需要使用双引号进行标注。

　　在发送 Ajax 请求时，可以通过将 Ajax 方法中的参数 dataType 设置为 JSON 来指定期望接收的数据格式为 JSON。这样设置后，如果服务器返回的数据格式是 JSON，浏览器会自动将其解析为一个 JavaScript 对象，方便进行后续的处理和操作。

　　下面的示例代码中的数据由服务器提供。在使用数据之前，读者需要先从本书配套资源中找到本知识点的源代码，并进入"服务器端"文件夹。然后在命令提示符窗口中执行"node app.js"命令来启动服务器。一旦服务器成功启动，读者就可以通过指定的端口（例如 3000）进行数据的测试和调试。

　　下面通过代码演示如何在浏览器中接收服务器返回的 JSON 数据，示例代码如下。

```
1  <body>
2    <script>
3      $.get('http://localhost:3000/json', function (msg) {
4        console.log(msg);
5      }, 'json');
6    </script>
7  </body>
```

　　上述示例代码运行后，控制台中输出的 JSON 数据如图 8-10 所示。

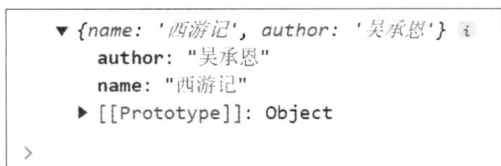

图8-10　控制台中输出的JSON数据

　　从图 8-10 可以看出，浏览器成功地接收到了服务器返回的 JSON 数据。

任务实现

根据任务需求完成用户信息列表的开发，具体实现步骤如下。

　　① 从本书配套资源中找到本任务的源代码，进入"服务器端"文件夹，该文件夹中的内容为 Node.js 本地 HTTP 服务器程序。打开命令提示符窗口，切换工作目录到当前目录，然后在命令提示符窗口中执行如下命令，启动服务器。

```
node app.js
```

　　② 创建 userInfoList.html 文件，编写用户信息列表页面的结构并引入 jquery-3.6.4.min.js 文件，以及 css 文件夹中的 userInfoList.css 文件，具体代码如下。

```
1  <!DOCTYPE html>
2  <html>
3  <head>
4    <meta charset="UTF-8">
5    <title>用户信息列表</title>
6    <link rel="stylesheet" href="css/userInfoList.css">
7  </head>
8  <body>
9    <div class="container">
```

```
10      <h3>用户信息列表</h3>
11      <table>
12        <thead>
13          <tr>
14            <th>用户名</th>
15            <th>年龄</th>
16            <th>爱好</th>
17            <th>专业</th>
18          </tr>
19        </thead>
20        <tbody id="list"></tbody>
21      </table>
22    </div>
23    <script src="jquery-3.6.4.min.js"></script>
24  </body>
25  </html>
```

在上述代码中，第 11～21 行代码用于创建用户信息列表的表格。

③ 在步骤②的第 23 行代码的下方编写逻辑代码，在页面加载完成后向服务器端请求用户信息列表数据，并将数据渲染在页面上，具体代码如下。

```
1   <script>
2     $.get('http://localhost:3000/list', function (data) {
3       var list = $('#list');
4       for (var i = 0; i < data.length; i++) {
5         var user = data[i];
6         var row = $('<tr>');
7         row.append($('<td>').text(user.name));
8         row.append($('<td>').text(user.age));
9         row.append($('<td>').text(user.hobby));
10        row.append($('<td>').text(user.major));
11        list.append(row);
12      }
13    }, 'json');
14  </script>
```

在上述代码中，第 2～13 行代码通过调用$.get()方法发送 GET 请求到 http://localhost:3000/list，获取用户信息数据，并且设置期望从服务器端获取的数据格式为 JSON。其中，第 3 行代码用于获取 id 属性值为 list 的元素，并将其存储在 list 变量中；第 4～12 行代码用于遍历从服务器获取的数据数组，为每个用户创建一个表格行（tr 元素），并将用户信息分别填充到表格对应的单元格（td 元素）中。

保存上述代码，在浏览器中打开 userInfoList.html 文件。用户信息列表的页面效果如图 8-11 所示。

图8-11　用户信息列表的页面效果

任务 8.3　图书管理系统

任务需求

为了更好地维护图书资源，图书管理员小段决定开发一个图书管理系统，并使用 Ajax 来实现查询、添加、修改和删除图书信息的功能。

为了让浏览器端的程序和服务器端的程序可以进行数据交互，双方需要约定服务器接口，接口信息列表如表 8-3 所示。

表 8-3　接口信息列表

接口地址	请求方式	请求参数	说明
http://localhost:3000/getbook	GET	title	查询图书列表
http://localhost:3000/book	GET	id	查询某本图书的信息
http://localhost:3000/add	POST	title、author、publisher、pubdata、price	添加图书信息
http://localhost:3000/edit	POST	id、title、author、publisher、pubdata、price	修改图书信息
http://localhost:3000/del	GET	id	删除某本图书的信息

图书管理系统的开发需求如下。

① 设计一个包含编号、图书名称、作者、出版社、价格、出版年份、操作的图书列表。

② 设计一个文本框、"查询"按钮和"新增"按钮。

③ 使用 jQuery 从服务器中获取图书信息，并将数据渲染在页面中。

④ 文本框用于输入查询信息。若文本框的内容为空，则单击"查询"按钮默认查询所有图书的信息；若在文本框中输入关键字，则筛选和关键字相关的图书。查询完成后，清空

文本框的内容。

⑤ 单击"新增"按钮，弹出新增图书的表单，表单中包含图书名称、作者、出版社、价格、出版年份字段，还包含"提交"和"取消"按钮。图书信息填写完成后，单击"提交"按钮即可保存图书信息，并隐藏该表单。单击"取消"按钮可以隐藏该表单，并清空文本框中已输入但未保存的内容。

⑥ 在表格操作列中提供"删除"和"修改"按钮。

⑦ 在表格中，单击每一行最后一个单元格中的"删除"按钮，可以删除当前行对应的图书信息。

⑧ 在表格中，单击每一行最后一个单元格中的"修改"按钮，弹出图书信息编辑表单，该表单用于修改图书信息。图书信息编辑完成后，单击"提交"按钮即可保存图书信息。

图书管理系统的效果如图 8-12 所示。

图书管理系统

编号	图书名称	作者	出版社	价格	出版年份	操作
1	Vue.js前端开发实战（第2版）	黑马程序员	人民邮电出版社	49.8	2023	删除 修改
2	软件测试（第2版）	黑马程序员	人民邮电出版社	49.8	2023	删除 修改
3	HTML5+CSS3网站设计基础教程（第3版）	黑马程序员	人民邮电出版社	59.8	2023	删除 修改
4	微信小程序开发实战（第2版）	黑马程序员	人民邮电出版社	59.8	2023	删除 修改
5	自动化测试应用教程（Web+App）	黑马程序员	人民邮电出版社	59.8	2023	删除 修改

图8-12　图书管理系统的效果

知识储备

事件委派

事件委派是指把原本要在子元素上注册的事件注册到父元素上，即把子元素的事件委派给父元素。事件委派的优势在于，可以为未来动态创建的元素注册事件。

使用 on() 方法可以实现事件委派。在 on() 方法中，需要指定要注册事件的元素以及事件类型。同时，还需要提供一个选择器作为 on() 方法的第二个参数，这样只有特定的子元素才能触发在父元素上注册的事件。

下面通过代码演示如何实现事件委派，示例代码如下。

```
1  <body>
2    <ul>
3      <li>学向勤中得，萤窗万卷书。</li>
4      <li>三冬今足用，谁笑腹空虚。</li>
5    </ul>
```

```
6    <script>
7      $('ul').on('click', 'li:first-child', function () {
8        alert('学问是需要勤奋才能得来的，就像前人囊萤取光，勤奋夜读，读很多书。');
9      });
10   </script>
11  </body>
```

在上述示例代码中，第 7～9 行代码用于获取 ul 元素并注册 click 事件。当用户单击第 1 个 li 元素时，事件会冒泡到 ul 元素上，即执行 ul 元素中的事件处理函数。这个函数调用 alert() 方法弹出一个警告框，显示一条提示信息。

上述示例代码运行后，使用事件委派的初始页面效果如图 8-13 所示。

图8-13　使用事件委派的初始页面效果

单击"学向勤中得，萤窗万卷书。"后的页面效果如图 8-14 所示。

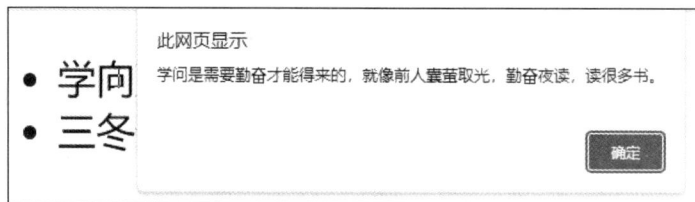

图8-14　单击"学向勤中得，萤窗万卷书。"后的页面效果

任务实现

根据任务需求完成图书管理系统的开发，具体实现步骤如下。

① 从本书配套资源中找到本任务的源代码，进入"服务器端"文件夹，该文件夹中的内容为 Node.js 本地 HTTP 服务器程序。打开命令提示符窗口，切换工作目录到当前目录，然后在命令提示符窗口中执行如下命令，启动服务器。

```
node app.js
```

② 创建 book.html 文件，编写图书管理系统的页面结构并引入 jquery-3.6.4.min.js 文件，以及 css 文件夹中的 book.css 文件，具体代码如下。

```
1   <!DOCTYPE html>
2   <html>
3   <head>
4     <meta charset="UTF-8">
5     <title>图书管理系统</title>
6     <link rel="stylesheet" href="css/book.css">
7   </head>
```

```
8  <body>
9   <div class="container">
10    <h2>图书管理系统</h2>
11    <div class="top">
12     <input type="text" class="search-input">
13     <button class="search">查询</button>
14     <button class="add">新增</button>
15    </div>
16    <div class="booklist">
17     <table>
18       <thead>
19        <tr>
20           <th>编号</th>
21           <th>图书名称</th>
22           <th>作者</th>
23           <th>出版社</th>
24           <th>价格</th>
25           <th>出版年份</th>
26           <th>操作</th>
27        </tr>
28       </thead>
29       <tbody id="list">
30         <!-- 将获取到的内容渲染到此处 -->
31       </tbody>
32     </table>
33    </div>
34   </div>
35   <script src="jquery-3.6.4.min.js"></script>
36  </body>
37 </html>
```

在上述代码中，第 10 行代码用于设置标题内容；第 11～15 行代码用于设置顶部区域，包含文本框、"查询"按钮、"新增"按钮；第 16～32 行代码用于设置展示图书信息的表格。

③ 在步骤②的第 33 行代码的下方编写用于填写图书信息的表单的页面结构，具体代码如下。

```
1  <div class="edit" style="display:none">
2   <div class="edit-bg"></div>
3   <div class="edit-center">
4    <div class="edit-title">图书信息</div>
5     <p style="display: none;">
```

```
6          <span>编号: </span>
7          <input type="text" id="id">
8      </p>
9      <p>
10         <span>图书名称: </span>
11         <input type="text" id="title">
12     </p>
13     <p>
14         <span>作者: </span>
15         <input type="text" id="author">
16     </p>
17     <p>
18         <span>出版社: </span>
19         <input type="text" id="publisher">
20     </p>
21     <p>
22         <span>价格: </span>
23         <input type="text" id="price">
24     </p>
25     <p>
26         <span>出版年份: </span>
27         <input type="text" id="pubdata">
28     </p>
29     <p>
30         <button class="edit-save">提交</button>
31         <button class="edit-cancel">取消</button>
32     </p>
33   </div>
34 </div>
```

在上述代码中，第 2 行代码用于设置表单的背景，第 3～33 行代码用于设置表单的核心区域。

④ 在步骤②的第 35 行代码的下方编写逻辑代码，通过 Ajax 请求获取图书信息，具体代码如下。

```
1 <script>
2   var value = '';
3   var list = $('#list');
4   getList();
5   function getList() {
6     $.get('http://localhost:3000/getbook', { title: value }, function (data) {
7       list.empty();
8       data.forEach(item => {
```

```
9          list.append(`<tr><td>${item.id}</td><td>${item.title}</td><td>${item.
author}</td><td>${item.publisher}</td><td>${item.price}</td><td>${item.pubdata}
</td><td><button class="del-btn">删除</button><button class="edit-btn">修改
</button></td></tr>`);
10      });
11    }, 'json');
12  }
13 </script>
```

在上述代码中，第 2 行代码定义了 value 变量，用于保存顶部区域中文本框中的内容；第 3 行代码用于获取存放图书列表的元素，并将其存储在 list 变量中；第 4 行代码用于获取图书列表数据，并将其显示在页面上；第 5～12 行代码定义了 getList()方法，其中第 6～11 行代码通过调用$.get()方法发送 GET 请求到 http://localhost:3000/getbook，获取图书信息，并对从服务器中获取的图书信息进行处理，将其展示在页面上。

⑤ 在步骤④的第 12 行代码的下方编写代码，实现单击"查询"按钮时根据关键字筛选图书信息的效果，具体代码如下。

```
1 $('.search').on('click', function () {
2   value = $('.search-input').val();
3   getList();
4   $('.search-input').val('');
5 });
```

在上述代码中，第 2 行代码用于获取文本框中的内容，并将其存储在 value 变量中；第 3 行代码用于获取图书列表数据；第 4 行代码用于清空文本框中的内容。

⑥ 在步骤⑤的第 5 行代码的下方编写代码，实现单击"删除"按钮时将对应的一行信息删除的效果，具体代码如下。

```
1 $(document).on('click', '.del-btn', function () {
2   var id = $(this).parent().siblings(':first-child').text();
3   $.get('http://localhost:3000/del', { id: id }, function (data) {
4     alert('成功删除图书信息～');
5   }, 'json');
6   getList();
7 });
```

在上述代码中，第 2 行代码用于获取单击"删除"按钮对应行的 id 值；第 3～5 行代码通过调用$.get()方法发送 GET 请求到 http://localhost:3000/del，删除对应 id 的图书信息；第 6 行代码通过调用 getList()方法刷新图书列表。

⑦ 在步骤⑥的第 7 行代码的下方编写代码，实现单击"新增"按钮时显示用于填写图书信息的表单的效果，具体代码如下。

```
1 $('.add').on('click', function () {
2   $('.edit').css('display', 'block');
3 });
```

⑧ 在步骤⑦的第 3 行代码的下方编写代码，单击"修改"按钮时，显示用于填写图书信息的表单，并进行对应行的数据回显，具体代码如下。

```
1   $(document).on('click', '.edit-btn', function () {
2     $('.edit').css('display', 'block');
3     var id = $(this).parent().siblings(':first-child').text();
4     $.get('http://localhost:3000/book', { id: id }, function (data) {
5       $('#id').val(data[0].id);
6       $('#title').val(data[0].title);
7       $('#author').val(data[0].author);
8       $('#publisher').val(data[0].publisher);
9       $('#pubdata').val(data[0].pubdata);
10      $('#price').val(data[0].price);
11    }, 'json');
12  });
```

在上述代码中，第 4～11 行代码通过调用$.get()方法发送 GET 请求到 http://localhost:3000/book，获取该"修改"按钮对应行的图书信息，并将服务器返回的数据回显到表单中对应的文本框中。

⑨ 在步骤⑧的第 12 行代码的下方编写方法，清空表单文本框中的内容，具体代码如下。

```
1   function resetData() {
2     $('#id').val('');
3     $('#title').val('');
4     $('#author').val('');
5     $('#publisher').val('');
6     $('#pubdata').val('');
7     $('#price').val('');
8   };
```

⑩ 在步骤⑨的第 8 行代码的下方编写代码，实现单击"提交"按钮时，提交数据的功能，具体代码如下。

```
1   $('.edit-save').on('click', function () {
2     var id = $('#id').val();
3     var editData = {
4       title: $('#title').val(),
5       author: $('#author').val(),
6       publisher: $('#publisher').val(),
7       pubdata: $('#pubdata').val(),
8       price: $('#price').val()
9     };
10    if (id == '') {
11      $.post('http://localhost:3000/add', editData, function (data) {
12        console.log(data);
13      }, 'json');
```

```
14    } else {
15     editData.id = id;
16     $.post('http://localhost:3000/edit', editData, function (data) {
17       console.log(data);
18     }, 'json');
19    }
20    // 清空顶部区域文本框中的内容
21    value = '';
22    // 清空表单中文本框中的内容
23    resetData();
24    // 获取图书列表数据
25    getList();
26    // 隐藏表单
27    $('.edit').css('display', 'none');
28  });
```

在上述代码中，第 2 行代码用于获取 id 值；第 3～9 行代码用于获取表单各个文本框中的内容；第 10～19 行代码用于对 id 值进行判断，若 id 值为空，则进行新增操作；若 id 值存在，则进行修改操作。

⑪　在步骤⑩的第 28 行代码的下方编写代码，实现单击"取消"按钮时，清空表单文本框中的内容，并隐藏表单的效果，具体代码如下。

```
1  $('.edit-cancel').on('click', function () {
2    resetData();
3    $('.edit').css('display', 'none');
4  });
```

保存上述代码，在浏览器中打开 book.html 文件。图书管理系统页面如图 8-15 所示。

图8-15　图书管理系统页面

在文本框中输入关键字"Vue.js"，单击"查询"按钮，即可筛选出相关图书，如图 8-16 所示。

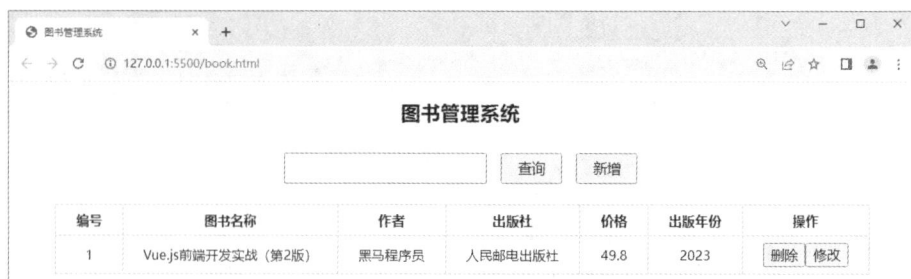

图8-16　查询图书

从图 8-16 可以看出，与关键字"Vue.js"相关的图书被筛选出来了，且文本框中的内容被清空。

单击"新增"按钮，弹出新增图书表单，如图 8-17 所示。

图8-17　新增图书表单

在图书名称文本框中输入"Python Web 开发项目教程（Flask 版）"，在作者文本框中输入"黑马程序员"，在出版社文本框中输入"人民邮电出版社"，在价格文本框中输入"49.8"，在出版年份文本框中输入"2023"，单击"提交"按钮，新增图书后的页面效果如图 8-18 所示。

图8-18　新增图书后的页面效果

单击"修改"按钮后会弹出图书信息编辑表单，该表单用于修改图书信息。单击编号为 2 的图书的"修改"按钮后的页面如图 8-19 所示。

图8-19 修改图书信息的页面

读者可以对图书信息进行修改，提交后查看页面效果，也可以对图书信息进行删除操作，观察页面中数据的变化。

在开发过程中，要贯彻"知行合一"的思想，灵活运用 jQuery 知识和实际经验，这样才能顺利且高效地完成开发。

本章小结

本章主要讲解如何使用 jQuery 操作 Ajax。首先讲解什么是 Ajax，然后详细讲解常用的 Ajax 方法，最后讲解 XML 数据格式、JSON 数据格式和事件委派。通过学习本章的内容，读者能够完成用户登录、用户信息列表、图书管理系统的开发。此外，读者还能掌握使用 Ajax 方法与服务器进行数据交互的技巧，并能够在实际开发中应用这些技巧。

课后习题

一、填空题

1. 在 jQuery 中，使用＿＿＿＿＿方法可以发送 GET 请求。

2. 在 jQuery 中，使用＿＿＿＿＿方法可以发送 POST 请求。

3. 在 jQuery 中，使用＿＿＿＿＿方法可以通过 GET 请求从服务器获取 JSON 数据。

4. JSON 是一种＿＿＿＿＿的数据交换格式。

5. 在 jQuery 中，使用＿＿＿＿＿方法可以实现事件委派。

二、判断题

1. Ajax 使网页与服务器可以在不刷新网页的情况下进行交互。（   ）

2. Ajax 仅支持 JSON 数据格式。（   ）

3. 使用 JSON 只能保存对象和数组类型的数据。（   ）

4. 使用事件委派可以为未来动态创建的元素注册事件。（   ）

三、选择题

1. 下列选项中，用于发送自定义请求的方法是（   ）。

    A. $.get()　　　　　B. $.post()　　　　　C. $.ajax()　　　　　D. $. getJSON()

2. 下列选项中，关于$.ajax()方法的描述错误的是（   ）。

    A. type 表示期待的返回值类型

    B. async 表示是否异步执行操作

    C. type 表示发送 HTTP 的请求方式

    D. contentType 表示内容类型

3. 下列选项中，关于$.post()方法的描述正确的是（   ）。

    A. 该方法可以通过 POST 请求从服务器获取数据

    B. 该方法的参数 url 表示请求地址，为可选参数

    C. 该方法的参数 data 表示要发送的数据，为必传参数

    D. 该方法的参数 dataType 表示期待从服务器中返回的数据类型，为必传参数

四、简答题

请简述使用 Ajax 的优势。

五、操作题

使用 jQuery 的 Ajax 方法实现商品列表页面，如图 8-20 所示。

商品列表

商品编号	商品名称	商品价格	商品标签
1	夏季专柜同款女鞋	298	舒适,透气
2	冬季保暖女士休闲雪地靴 舒适加绒防水短靴 防滑棉鞋	89	保暖,防滑
3	秋冬新款女士毛衣 套头宽松针织衫 简约上衣	199	秋冬,毛衣
4	春秋装新款大码女装 衬衫 上衣	19	雪纺衫,打底
5	长款长袖圆领女士连衣裙	178	圆领,连衣裙

图8-20　商品列表页面

第 9 章

jQuery Mobile移动页面开发

知识目标	● 掌握 jQuery Mobile 的下载和引入，能够独立完成 jQuery Mobile 的下载和引入 ● 掌握导航栏组件的使用方法，能够完成导航栏的制作 ● 掌握列表视图组件的使用方法，能够完成列表视图的制作 ● 掌握选择菜单组件的使用方法，能够完成选择菜单的制作 ● 掌握初始化选择菜单的方法，能够完成选择菜单的初始化
技能目标	● 掌握导航栏的实现方法，能够完成导航栏的开发 ● 掌握图书列表页面的实现方法，能够完成图书列表页面的开发 ● 掌握日程安排页面的实现方法，能够完成日程安排页面的开发

随着时代的不断发展，移动应用在人们的生活中扮演着越来越重要的角色。其中，移动应用的用户界面布局设计直接影响着用户的体验。为了提供更好的移动 Web 开发体验，jQuery Mobile 应运而生，它是一款基于 jQuery 的用户界面库。本章将详细讲解 jQuery Mobile 的下载和引入，以及常用组件的使用。

任务 9.1 制作导航栏

任务需求

为了顺应互联网的发展和广泛使用移动设备的趋势，某公司计划开发一款移动应用，以提供更好的用户体验。公司领导将这一任务分配给了研发小组，组长决定使用 jQuery

Mobile 技术进行开发，并要求小组成员在项目开始前熟悉 jQuery Mobile 的相关内容，以便更好地上手。

前端工程师小高在接到任务后发现自己之前并没有接触过 jQuery Mobile。为了掌握这一技术，他决定练习开发一个导航栏。在查阅相关文档后，小高了解到可以使用导航栏组件进行开发。为此，他学习了 jQuery Mobile 的下载和引入，以及导航栏组件的相关知识，并着手开发导航栏，导航栏的具体开发需求如下。

① 导航栏包含 5 个按钮："首页""搜索""设置""评论"和"我的"。

② 为每个按钮添加合适的图标。

③ 导航栏固定在页面底部。

单击导航栏中的按钮时，页面中将显示"刚才单击的按钮是："和所单击按钮的名称，以查看导航栏切换是否成功。

导航栏切换效果如图 9-1 所示。

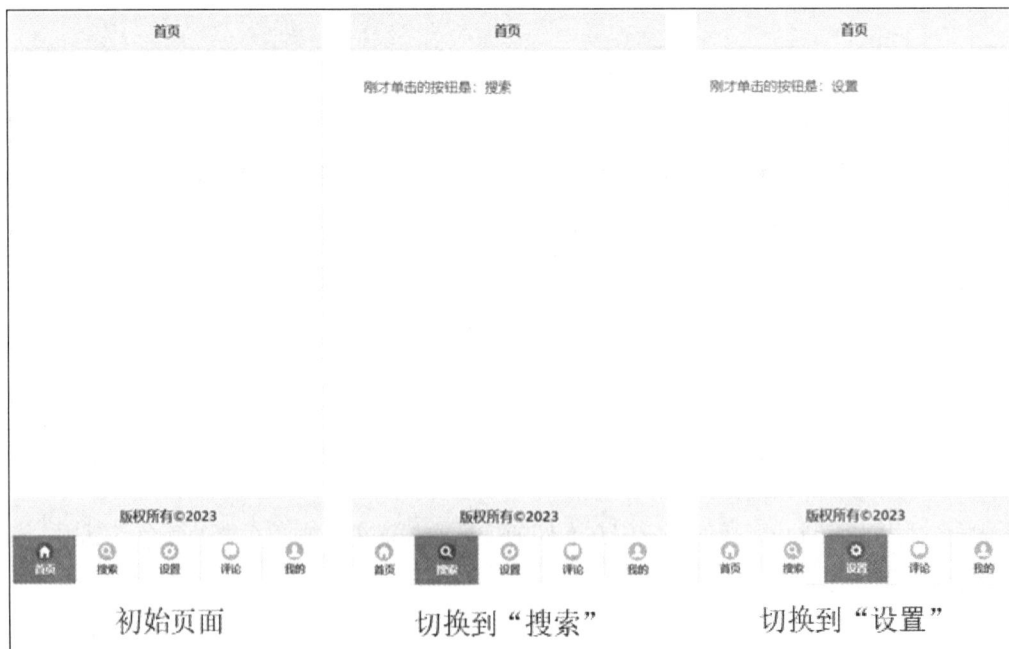

图9-1 导航栏切换效果

知识储备

1. 下载 jQuery Mobile

在使用 jQuery Mobile 进行项目开发之前，我们需要先下载 jQuery Mobile，具体步骤如下。

① 打开浏览器，访问 jQuery Mobile 的官方网站，如图 9-2 所示。

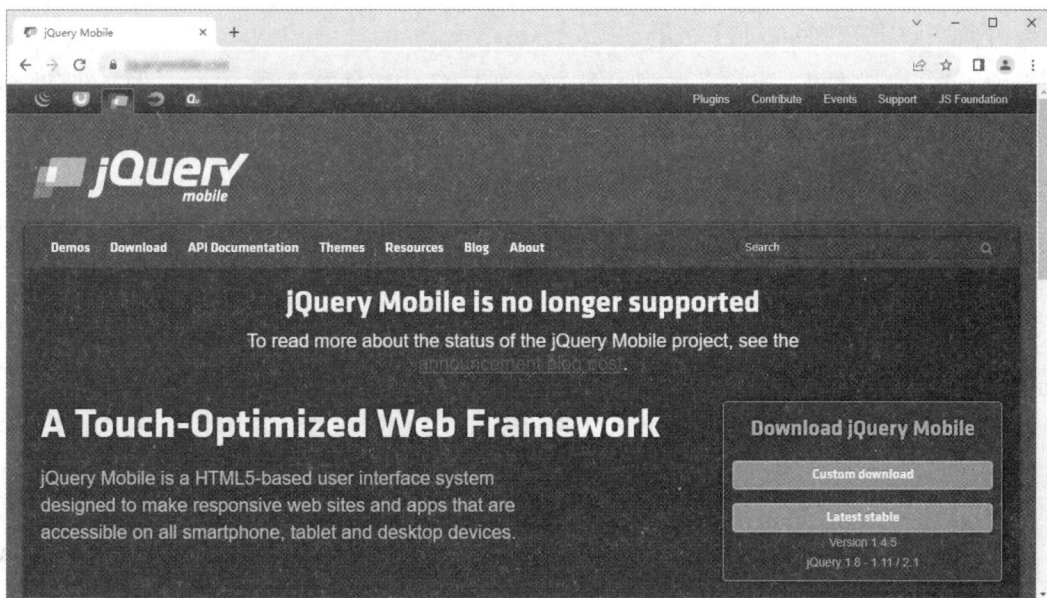

图9-2　jQuery Mobile的官方网站

官方网站提供了 Custom download（自定义下载）和 Latest stable（最新稳定版）两个下载链接。其中，Latest stable 提供了完整、稳定的 jQuery Mobile 框架，这里选择 Latest stable 进行下载。

② 单击 Latest stable 按钮进行下载。下载 jQuery Mobile 的压缩包后，在下载目录中找到该压缩包，如图 9-3 所示。

③ 将 jquery.mobile-1.4.5.zip 压缩包解压，保存到 mobile-1.4.5 目录中，解压文件目录如图 9-4 所示。

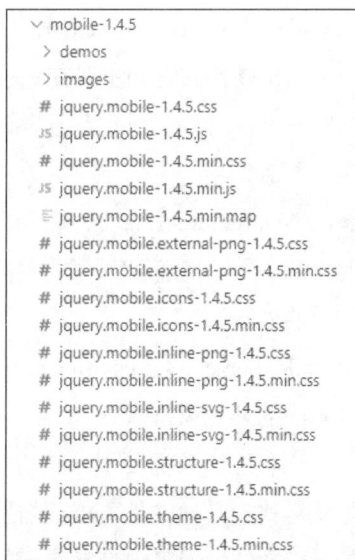

图9-3　jQuery Mobile的压缩包　　　　　　　　　　图9-4　解压文件目录

下面对解压文件目录进行介绍。

● demos 文件夹：包含一系列示例文件，包括各个组件的演示，每个示例文件都是独立的 HTML 文件，展示相关组件的代码和效果。

● images 文件夹：包含一些默认的图像。

● jquery.mobile-1.4.5.css 和 jquery.mobile-1.4.5.min.css：核心样式表，包含组件和整体布局的样式。

● jquery.mobile-1.4.5.js 和 jquery.mobile-1.4.5.min.js：核心脚本文件，包含组件的交互功能和页面转换的逻辑。

● jquery.mobile-1.4.5.min.map：用于将压缩后的代码映射回原始的开发版本的代码，方便开发人员在开发过程中进行调试和错误跟踪。

● jquery.mobile.external-png-1.4.5.css 和 jquery.mobile.external-png-1.4.5.min.css：包含与外部 PNG 图像相关的 CSS 样式。它们主要在一些较旧的图形处理引擎或浏览器中使用，这些引擎或浏览器对 PNG 图像的支持有一些限制或问题，例如对外部图像的透明度支持不佳、渲染效果不一致等。

● jquery.mobile.icons-1.4.5.css 和 jquery.mobile.icons-1.4.5.min.css：包含与图标相关的 CSS 样式。当希望使用预定义的图标样式时，可以引入其中一个文件，并在元素上使用相应的图标类添加图标。

● jquery.mobile.inline-png-1.4.5.css 和 jquery.mobile.inline-png-1.4.5.min.css：包含与内联 PNG 图像相关的 CSS 样式。它们主要在一些较旧的图形处理引擎或浏览器中使用，这些引擎或浏览器对内联 PNG 图像的支持有一些限制或问题，例如对内联图像的透明度支持不佳、渲染效果不一致等。

● jquery.mobile.inline-svg-1.4.5.css 和 jquery.mobile.inline-svg-1.4.5.min.css：包含与内联 SVG 图像相关的 CSS 样式。它们主要在一些较旧的图形处理引擎或浏览器中使用，这些引擎或浏览器对内联 SVG 图像的支持有一些限制或问题，例如显示效果不符预期或出现错位、变形等。

● jquery.mobile.structure-1.4.5.css 和 jquery.mobile.structure-1.4.5.min.css：包含与组件风格和结构相关的 CSS 样式。它们定义了一些核心的样式规则，用于确保在不同的移动设备和浏览器上具有一致的外观。

● jquery.mobile.theme-1.4.5.css 和 jquery.mobile.theme-1.4.5.min.css：包含一些主题样式，为应用程序提供不同的外观风格。

对于大多数应用程序，只需要引入核心样式表和核心脚本文件即可使用 jQuery Mobile 的所有功能和默认样式，其他文件可根据需要选择性地引入。

需要注意的是，文件扩展名中带有.min 的文件是经过压缩处理的文件，这些文件通常具有较小的体积，加载速度更快。为了获得更好的性能，建议使用压缩后的文件。

下面以按钮组件为例演示如何查看其示例代码和效果。首先进入 demos\button 文件夹，找到 index.html 文件并双击，index.html 文件将在浏览器中打开，页面效果如图 9-5 所示。

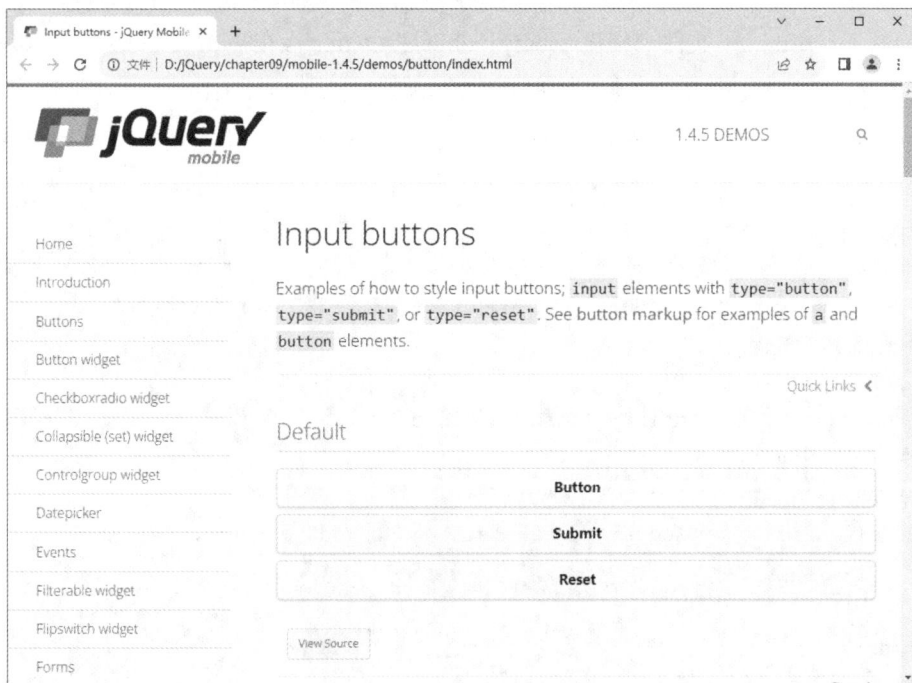

图9-5　按钮组件示例页面效果

按钮组件的示例页面中包含效果区域和一个 View Source 按钮。其中，效果区域用于展示按钮组件的实际交互效果。当单击 View Source 按钮时，会弹出一个源代码窗口，显示该效果对应的代码片段。

此外，示例页面的左侧菜单栏提供了导航栏、表格、图标、复选框、滑块等组件的超链接。单击其中的超链接即可跳转到相应组件的页面，页面中显示组件的示例和用法。

2. 引入 jQuery Mobile

下载 jQuery Mobile 后，如果想要在项目中使用 jQuery Mobile，需要在 HTML 文件中引入 jQuery Mobile，具体方法如下。

① 使用<link>标签引入核心样式表文件，示例代码如下。

```
<head>
  <link rel="stylesheet" href="mobile-1.4.5/jquery.mobile-1.4.5.min.css">
</head>
```

在上述示例代码中，href 属性用于指定要引入的文件的路径。引入 jquery.mobile-1.4.5.min.css 文件后，即可使用 jQuery Mobile 提供的组件和整体布局的样式。

② 使用<script>标签引入核心脚本文件，示例代码如下。

```
<body>
  <script src="jquery.1.11.1.min.js"></script>
```

```
     <script src="mobile-1.4.5/jquery.mobile-1.4.5.min.js"></script>
    </body>
```

由于 jQuery Mobile 依赖于 jQuery,所以在引入 jquery.mobile-1.4.5.min.js 文件之前,需要先引入 jquery.1.11.1.min.js 文件。根据 jquery.mobile-1.4.5.min.js 的官方文档说明,该版本支持 jQuery 1.8~1.11.x 版本与 2.1 版本。这里使用的 jQuery 版本为 1.11.1。

为了让读者对 jQuery Mobile 有一个初步的了解,下面演示如何创建一个移动设备页面,示例代码如下。

```
1  <body>
2   <div data-role="page">
3    <div data-role="header" data-position="fixed" data-theme="b">
4     <h1>头部栏</h1>
5    </div>
6    <div data-role="main" class="ui-content">
7     <p>主体内容</p>
8    </div>
9    <div data-role="footer" data-position="fixed" data-theme="b">
10    <h4>底部栏</h4>
11   </div>
12  </div>
13 </body>
```

在上述示例代码中,第 2~12 行代码通过将 data-role 属性值设置为 page,定义整个页面的主要容器;第 3~5 行代码通过将 data-role 属性值设置为 header,定义页面的头部栏;第 6~8 行代码通过将 data-role 属性值设置为 main,定义页面的主体内容区域;第 9~11 行代码通过将 data-role 属性值设置为 footer,定义页面的底部栏。

另外,将 data-position 属性值设置为 fixed,可以将头部栏和底部栏设为固定工具栏;.ui-content 类是由 jQuery Mobile 提供的 CSS 样式;将 data-theme 属性值设置为 b,可以应用主题 b 的样式,即深色主题。

上述示例代码运行后,打开 Chrome 浏览器的开发者工具,进入移动设备调试模式,将移动设备的视口宽度设置为 375px,移动设备页面如图 9-6 所示。

3. 导航栏组件

jQuery Mobile 提供了导航栏组件,用于在移动应用程序中创建导航栏。导航栏通常位于页面顶部或底部,用于在移动应用程序中实现不同页面或视图之间的切换。导航栏组件通常包括导航按钮、链接和图标。用户可以通过触摸或单

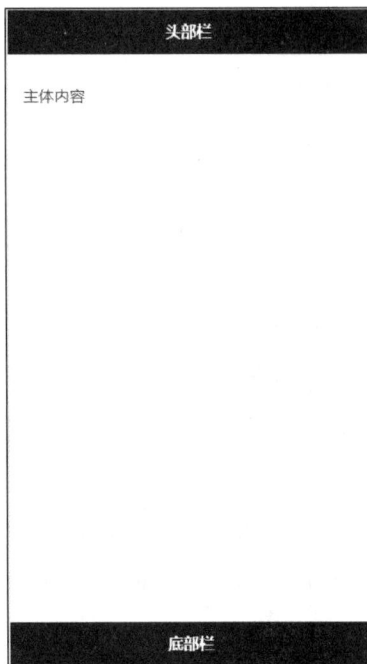

图9-6　移动设备页面

击进行导航操作。

使用导航栏组件制作导航栏的基本方法如下。

（1）创建导航栏容器

通常使用<div>标签作为导航栏的容器，并为其添加 data-role 属性，通过将属性值设置为 navbar，将该容器标记为一个导航栏。

（2）创建导航按钮

在导航栏容器内部创建导航按钮的基本步骤如下。

① 通常使用无序列表（<ul>）创建导航按钮列表。

② 在每个<li>标签内部使用<a>标签定义导航按钮，通过设置 href 属性，指定每个导航按钮的链接目标。

③ 添加.ui-btn-active 类，指定默认选中的导航按钮。

（3）设置导航按钮的图标

为<a>标签设置 data-icon 属性可以为导航按钮添加图标，将该属性值设置为 jQuery Mobile 图标库中图标的名称即可，可以运行 demos\icons\index.html 文件来查看图标。

（4）设置导航按钮图标的位置

为导航栏容器设置 data-iconpos 属性可以自定义导航按钮图标的位置，该属性值包括 left、right、top（默认值）、bottom 和 notext，分别表示图标显示在文字的左侧、右侧、上方、下方和仅显示图标而不显示文字。

默认情况下，使用<a>标签定义导航按钮时，<a>标签会被自动转换为按钮样式，无须额外地设置（data-role="button"）。导航按钮的宽度会根据导航栏的宽度平均划分，即当导航栏中只有一个按钮时，它会占据整个导航栏；当有两个按钮时，则各占导航栏的一半，依此类推。当导航栏内的按钮数量小于或等于 5 个时，按钮会排列在同一行，每个按钮的宽度相等；当按钮数量超过 5 个时，按钮会被拆分成多行，每行显示两个按钮。

下面演示如何使用导航栏组件制作基础导航栏，示例代码如下。

```
1  <body>
2    <div data-role="navbar">
3      <ul>
4        <li><a href="#">主页</a></li>
5        <li><a href="#">收藏</a></li>
6        <li><a href="#" class="ui-btn-active">邮件</a></li>
7        <li><a href="#">设置</a></li>
8      </ul>
9    </div>
10 </body>
```

在上述示例代码中，第 2～9 行代码通过将 data-role 属性值设置为 navbar，定义导航栏。

其中，第 4～7 行代码定义了 4 个导航按钮，并通过添加.ui-btn-active 类将"邮件"设置为默认选中的导航按钮。

上述示例代码运行后，基础导航栏如图 9-7 所示。

图9-7　基础导航栏

默认选中的导航按钮为"邮件"。单击其他导航按钮，该按钮会切换为选中状态。

任务实现

根据任务需求，完成导航栏的开发，本任务的具体实现步骤如下。

① 创建 D:\jQuery\chapter09 目录，将 jquery-1.11.1.min.js 文件和 mobile-1.4.5 文件夹放入该目录下，并使用 VS Code 编辑器打开该目录。

② 创建 navbar.html 文件，编写页面结构并引入 jquery-1.11.1.min.js 文件，以及 mobile-1.4.5 文件夹中的 jquery.mobile-1.4.5.min.css 和 jquery.mobile-1.4.5.min.js 文件，具体代码如下。

```
1   <!DOCTYPE html>
2   <html>
3   <head>
4     <meta charset="UTF-8">
5     <meta name="viewport" content="width=device-width, initial-scale=1.0">
6     <title>制作导航栏</title>
7     <link rel="stylesheet" href="mobile-1.4.5/jquery.mobile-1.4.5.min.css">
8   </head>
9   <body>
10    <div data-role="page" id="home">
11      <div data-role="header">
12        <h1>首页</h1>
13      </div>
14      <div data-role="main" class="ui-content">
15        <p id="result"></p>
16      </div>
17      <div data-role="footer" data-position="fixed">
18        <h4>版权所有&copy;2023</h4>
19        <div data-role="navbar" id="bar">
20          <ul>
21            <li><a href="#" data-icon="home" class="ui-btn-active">首页</a></li>
22            <li><a href="#" data-icon="search">搜索</a></li>
23            <li><a href="#" data-icon="gear">设置</a></li>
24            <li><a href="#" data-icon="comment">评论</a></li>
```

```
25            <li><a href="#" data-icon="user">我的</a></li>
26        </ul>
27      </div>
28    </div>
29  </div>
30  <script src="jquery-1.11.1.min.js"></script>
31  <script src="mobile-1.4.5/jquery.mobile-1.4.5.min.js"></script>
32 </body>
33 </html>
```

在上述代码中，第 15 行代码定义了一个<p>标签，并为其添加了 id 属性，属性值为 result，用于显示单击导航按钮的结果；第 21～25 行代码定义了 5 个导航按钮，分别为"首页""搜索""设置""评论"和"我的"，并通过设置 data-icon 属性为导航按钮添加图标，属性值分别为 home、search、gear、comment 和 user。

③ 在步骤②的第 31 行代码的下方编写逻辑代码，实现单击导航按钮时，获取导航按钮的名称，并将其显示在页面的指定位置，具体代码如下。

```
1  <script>
2    $('#bar li').on('click', function () {
3      $('#result').text('刚才单击的按钮是：' + $(this).text());
4    });
5  </script>
```

在上述代码中，第 2～4 行代码用于获取 id 属性值为 bar 的元素下的所有 li 元素，并调用 on()方法注册 click 事件。在事件处理函数中，使用$(this).text()获取被单击按钮的文本内容，并将其设置为 id 属性值为 result 的元素的文本内容。

保存上述代码，在浏览器中打开 navbar.html 文件，打开开发者工具，进入移动设备调试模式，单击"搜索"按钮后的页面效果如图 9-8 所示。

单击"搜索"按钮后，页面显示一条消息，消息的内容是"刚才单击的按钮是：搜索"。读者可以尝试单击其他按钮，查看页面效果。

任务 9.2　制作图书列表页面

任务需求

图9-8　单击"搜索"按钮后的页面效果

在完成导航栏的开发后，小高决定应用 jQuery Mobile 技术制作一个带搜索框的图书列

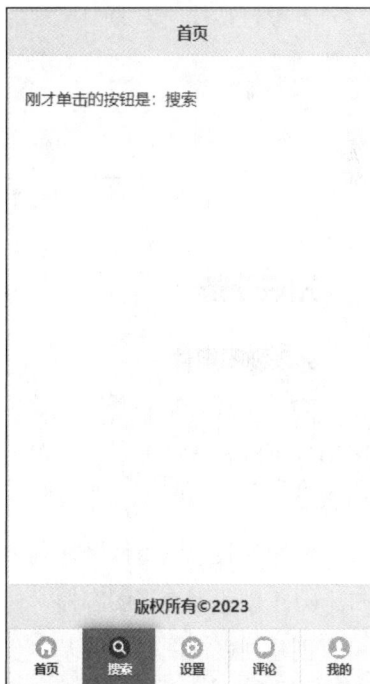

表页面。通过查阅相关文档，小高了解到可以使用列表视图组件来进行开发。为此，他学习了列表视图组件的相关知识，并着手开发一个图书列表页面，图书列表页面的具体开发需求如下。

① 图书列表包含 4 个列表项：红楼梦、水浒传、三国演义和西游记。

② 每个列表项包含图书的封面、书名和作者信息。

③ 图书列表页面的顶部有一个搜索框，可以在该搜索框输入关键字来对图书进行检索。

在图书列表页面中搜索关键字的效果如图 9-9 所示。

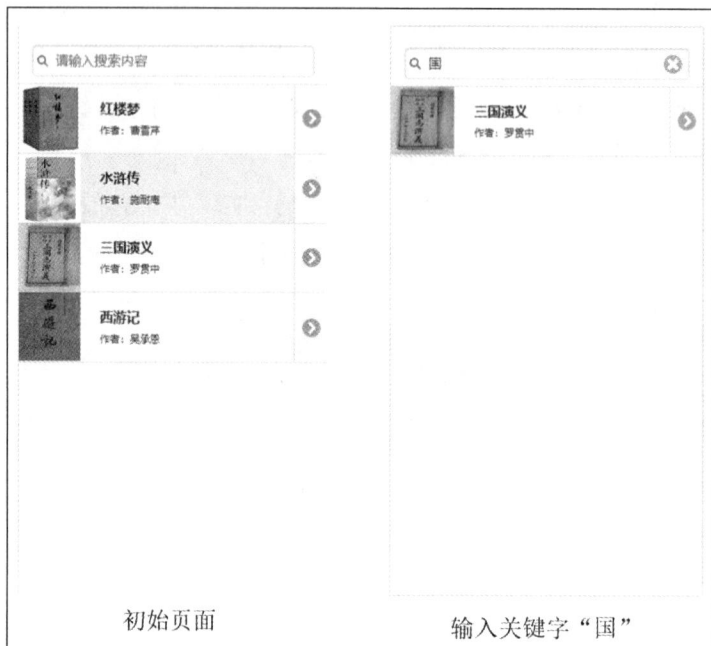

图9-9   在图书列表页面中搜索关键字的效果

知识储备

列表视图组件

jQuery Mobile 提供了列表视图组件，用于在移动应用程序中创建信息列表。使用列表视图组件可以方便地展示和呈现大量数据，如联系人列表、新闻列表、图书列表和产品目录等内容。

使用列表视图组件制作列表视图的基本方法如下。

（1）创建列表视图容器

创建列表视图容器的基本步骤如下。

① 通常使用有序列表（<ol>）或无序列表（<ul>）作为列表视图的容器。

② 设置 data-role 属性，将属性值设置为 listview，以便将该容器标记为一个列表视图。

③ 设置 data-autodividers 属性，并将属性值设置为 true，开启自动分类功能。默认情况

下，按照列表项文本的开头字符进行分组。

④ 设置 data-inset 属性，并将属性值设置为 true，以使列表视图显示为内嵌样式，即带有圆角和边缘。

⑤ 设置 data-filter 属性，并将属性值设置为 true，用于在列表视图的顶部添加搜索框。

⑥ 设置 data-filter-placeholder 属性。默认情况下，搜索框中默认的字符为"Filter items…"，可以通过设置该属性自定义搜索框中的默认字符。

（2）添加列表项

在列表视图容器的内部添加列表项的基本步骤如下。

① 使用<li>标签定义列表项。

② 在列表项内部可以添加<a>标签，如果没有添加，则该列表项为只读项。

③ 设置 data-role 属性，并将属性值设置为 list-divider，用于标识分类的名称。

（3）添加数字泡标识

在列表项的内部，通常使用<span>标签定义数字泡标识，并添加.ui-li-count 类，用于表示特定的含义，如访问量、销量等。

（4）设置缩略图列表

在列表项的内部设置缩略图列表的基本步骤如下。

① 通常使用<img>标签定义图像，图像的高度会自动设置为 80px。

② 在列表项的内部添加一对额外的<a>标签，可用于为缩略图添加分隔线。

下面演示如何使用列表视图组件制作带有搜索框的字母分类列表，示例代码如下。

```
1  <body>
2    <div data-role="page">
3      <div data-role="main" class="ui-content">
4        <ul data-role="listview" data-filter="true" data-inset="true">
5          <li data-role="list-divider">A</li>
6          <li><a href="#">Apple</a></li>
7          <li><a href="#">Apricot</a></li>
8          <li><a href="#">Avocado</a></li>
9          <li data-role="list-divider">B</li>
10         <li><a href="#">Banana</a></li>
11         <li><a href="#">Blueberry</a></li>
12         <li data-role="list-divider">C</li>
13         <li><a href="#">Cherry</a></li>
14         <li><a href="#">Coconut</a></li>
15         <li><a href="#">Cranberry</a></li>
16       </ul>
17     </div>
18   </div>
19 </body>
```

在上述示例代码中，第 4 行代码为<ul>标签添加了 3 个关键属性，其中 data-role 属性值为 listview，用于指定该容器为列表视图；data-filter 属性值为 true，用于在列表视图的顶部添加搜索框；data-inset 属性值为 true，用于使列表显示为内嵌样式，即带有圆角和边缘；第 5、9 和 12 行代码添加了 data-role 属性，属性值为 list-divider，用于标识分类的名称，即 A、B 和 C。

上述示例代码运行后，页面会显示一个带有搜索框的字母分类列表，如图 9-10 所示。

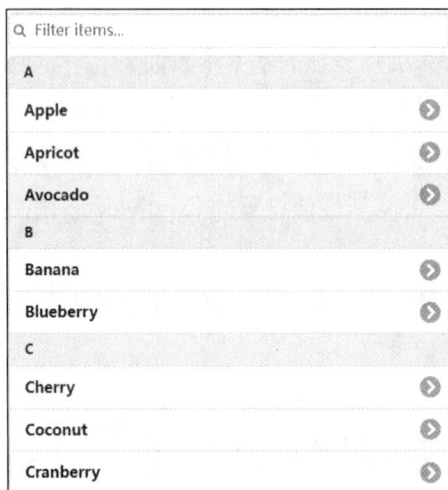

图9-10　带有搜索框的字母分类列表

在搜索框中输入关键字"AN"，搜索结果如图 9-11 所示。

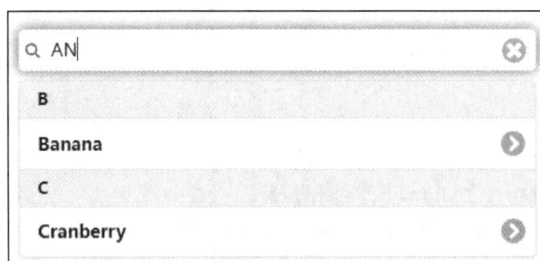

图9-11　搜索结果

当在搜索框中输入关键字"AN"时，搜索结果为 Banana 和 Cranberry。由搜索结果可知，用于搜索的关键字不区分大小写。

任务实现

根据任务需求，完成图书列表页面的开发，本任务的具体实现步骤如下。

① 将本章配套源代码中的 images 文件夹复制到 chapter09 目录下。images 文件夹中保存了本章所有的图像素材。

② 创建 listView.html 文件，编写页面结构并引入 jquery-1.11.1.min.js 文件，以及 mobile-1.4.5 文件夹中的 jquery.mobile-1.4.5.min.css 和 jquery.mobile-1.4.5.min.js 文件，具体代码如下。

```
1   <!DOCTYPE html>
2   <html>
3   <head>
4     <meta charset="UTF-8">
5     <meta name="viewport" content="width=device-width, initial-scale=1.0">
6     <title>制作图书列表页面</title>
7     <link rel="stylesheet" href="mobile-1.4.5/jquery.mobile-1.4.5.min.css">
8   </head>
9   <body>
10    <div data-role="page">
11      <div data-role="main" class="ui-content">
12        <ul data-role="listview" data-filter="true" data-filter-placeholder="请输入搜索内容">
13          <li>
14            <a href="#"><img src="images/book1.jpg" alt=""><h2>红楼梦</h2><p>作者:曹雪芹</p></a>
15            <a></a>
16          </li>
17          <li>
18            <a href="#"><img src="images/book2.png" alt=""><h2>水浒传</h2><p>作者:施耐庵</p></a>
19            <a></a>
20          </li>
21          <li>
22            <a href="#"><img src="images/book3.png" alt=""><h2>三国演义</h2><p>作者:罗贯中</p></a>
23            <a></a>
24          </li>
25          <li>
26            <a href="#"><img src="images/book4.jpg" alt=""><h2>西游记</h2><p>作者:吴承恩</p></a>
27            <a></a>
28          </li>
29        </ul>
30      </div>
31    </div>
32    <script src="jquery-1.11.1.min.js"></script>
33    <script src="mobile-1.4.5/jquery.mobile-1.4.5.min.js"></script>
34  </body>
35  </html>
```

在上述代码中，第 12 行代码为<ul>标签添加了 3 个关键属性，其中 data-role 属性值为 listview，用于指定该元素为列表视图；data-filter 属性值为 true，用于在列表视图的顶部添加搜索框；data-filter-placeholder 属性值为"请输入搜索内容"，用于指定搜索框中的默认字符。

另外，第 14、18、22 和 26 行代码在<a>标签内部添加了<img>标签，用于定义缩略图；第 15、19、23 和 27 行代码定义了一对<a>标签，用于在列表项之间添加分隔线。

保存上述代码，在浏览器中打开 listView.html 文件，打开开发者工具，进入移动设备调试模式，图书列表页面如图 9-12 所示。

在搜索框中输入关键字"红"，搜索结果如图 9-13 所示。

图9-12　图书列表页面

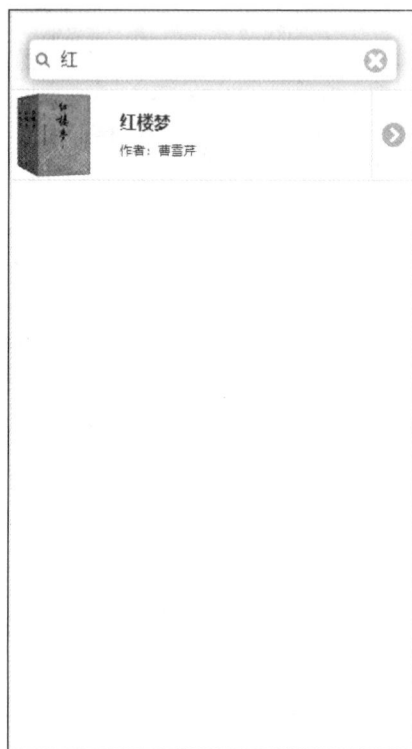

图9-13　搜索结果

任务 9.3　制作日程安排页面

任务需求

完成列表视图的开发后，小高决定应用 jQuery Mobile 技术制作一个日程安排页面。通过查阅相关文档，小高了解到可以使用选择菜单组件来进行开发。为此，他学习了选择菜单组件和初始化选择菜单的相关知识，并着手开发日程安排页面。日程安排页面的具体开发需求如下。

① 创建两个选择菜单，分别为工作类型和具体任务。

② 用户可以选择每天的工作类型，包括工作、学习和休息。

③ 根据用户选择的工作类型，显示相应的任务列表供用户选择具体任务。

日程安排页面效果如图 9-14 所示。

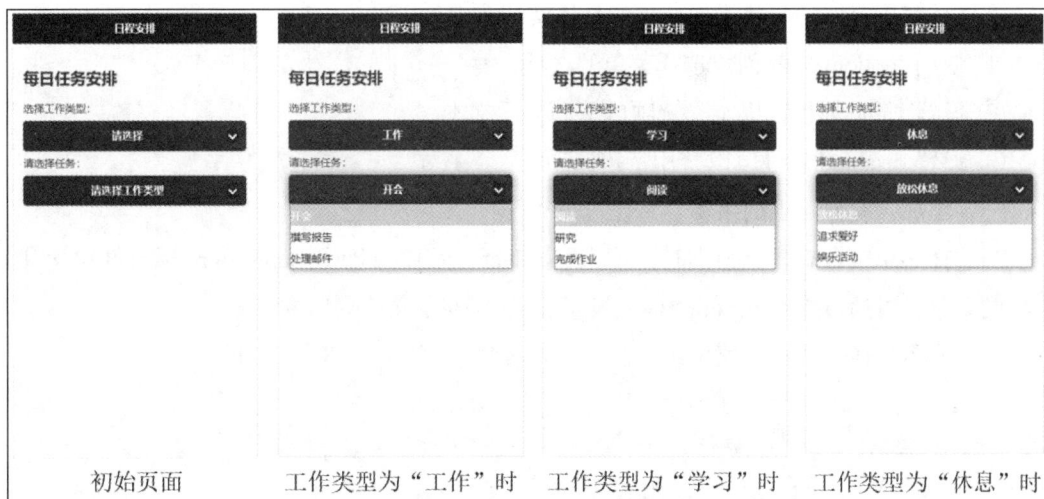

图9-14 日程安排页面效果

知识储备

1. 选择菜单组件

jQuery Mobile 提供了选择菜单组件，可用于在移动应用程序中创建具有选择功能的菜单。使用选择菜单组件可以创建单选菜单、多选菜单以及单选分组菜单。对于单选菜单，用户只能选择其中的一个选项。对于多选菜单，用户可以选择多个选项。而单选分组菜单则将选项分组展示，用户只能在所有分组中选择一个选项。

选择菜单组件既可以用来收集用户的输入，也可以用于进行筛选操作。通过选择菜单，用户可以方便地选择所需的选项。

使用选择菜单组件制作选择菜单的基本方法如下。

（1）创建选择菜单容器

创建选择菜单的容器并设置相应属性的具体实现步骤如下。

① 使用<select>标签创建选择菜单的容器。

② 设置 data-mini 属性，并将属性值设置为 true，使选择菜单显示为较小的尺寸样式。

③ 设置 data-inline 属性，并将属性值设置为 true，使选择菜单显示为嵌入（行内）样式，这将使选择菜单在同一行显示，并与其他内容对齐。

④ 同时设置 multiple 属性和 data-native-menu 属性，并将 data-native-menu 属性值设置为

false，以启用多选功能并禁用原生选择菜单。

⑤ 设置 data-iconpos 属性，以调整图标的位置，该属性值包括 left、right（默认值）、top、bottom 和 notext，分别表示图标显示在文字的左侧、右侧、上方、下方和仅显示图标而不显示文字。

（2）添加选择菜单的选项

在选择菜单容器的内部添加选项的具体实现步骤如下。

① 使用<option>标签创建选择菜单的选项。

② 设置 value 属性，以定义选项的值和显示文本。

③ 设置 disabled 属性，以禁用特定选项。

（3）添加含有分隔项的菜单

当选择菜单中含有多个类别时，可以在<select>标签内部使用<optgroup>标签创建含有分隔项的菜单，可通过为<optgroup>标签设置 label 属性定义分隔项的名称。

下面演示如何使用选择菜单组件制作选择食物的菜单，示例代码如下。

```
1  <body>
2    <div data-role="page">
3      <div data-role="main" class="ui-content">
4        <label for="food">请选择食物: </label>
5        <select id="food" data-inline="true">
6          <option>请选择</option>
7          <optgroup label="水果">
8            <option value="1">苹果</option>
9            <option value="2">香蕉</option>
10           <option value="3">蓝莓</option>
11         </optgroup>
12         <optgroup label="蔬菜">
13           <option value="1">茄子</option>
14           <option value="2" disabled>黄瓜</option>
15           <option value="3">土豆</option>
16         </optgroup>
17       </select>
18     </div>
19   </div>
20 </body>
```

在上述示例代码中，第 5 行代码设置 data-inline 属性值为 true，使选择菜单显示为嵌入（行内）样式；第 14 行代码用于设置 disabled 属性，将"黄瓜"选项禁用。

上述示例代码运行后，展开的选择菜单如图 9-15 所示，"黄瓜"选项被禁用。

2. 初始化选择菜单

在 jQuery Mobile 中，selectmenu()方法用于初始化选择菜单，将一个普通的下拉菜单转换为 jQuery Mobile 风格的选择菜单。

selectmenu()方法接收一个可选的参数 options，这个参数是一个包含配置选项的对象，用于自定义下拉菜单的行为和外观。常见的配置选项如下。

① theme：指定选择菜单使用的主题，如预设的 a 主题和 b 主题。

② iconpos：设置选择菜单的图标位置，如 right、left、top、bottom 和 notext 等。

此外，在 jQuery Mobile 中，可以使用 selectmenu('refresh')方法手动刷新选择菜单的外观和行为，以确保动态更新的选项生效。因为在动态添加、移除或更改选择菜单的选项时，选择菜单的外观和行为不会自动更新。通过调用 selectmenu('refresh')方法，选择菜单会重新渲染，以反映最新的选项内容，让用户在使用选择菜单时看到最新的选项。

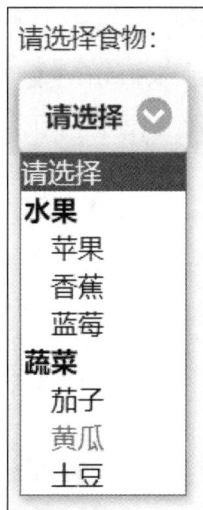

图9-15　展开的选择菜单

需要注意的是，selectmenu('refresh')为固定写法，不需要传递任何参数。

下面演示 selectmenu()方法和 selectmenu('refresh')方法的使用，示例代码如下。

```
1  <body>
2    <div data-role="page">
3      <div data-role="main" class="ui-content">
4        <label for="choice">请选择</label>
5        <select id="choice" multiple data-native-menu="false">
6          <option>请选择</option>
7          <option value="1">Option 1</option>
8          <option value="2">Option 2</option>
9          <option value="3">Option 3</option>
10       </select>
11     </div>
12   </div>
13   <script>
14     $('#choice').selectmenu({
15       theme: 'b',
16       iconpos: 'left'
17     }).selectmenu('refresh');
18   </script>
19 </body>
```

在上述示例代码中，第 5 行代码添加 multiple 属性以启用多选功能，并将 data-native-menu 属性值设置为 false，以禁用原生选择菜单；第 14～17 行代码调用 selectmenu()方法将 id 属性值为 choice 的元素转换为选择菜单，并将选择菜单的主题设置为 b 主题，将图标位置设置为 left，即显示在文字的左侧，调用 selectmenu('refresh') 方法刷新选择菜单的外观和行为，以确保新的配置选项生效。

上述示例代码运行后，初始的选择菜单如图 9-16 所示。

图9-16　初始的选择菜单

展开选择菜单并勾选所有选项的效果如图 9-17 所示。

图9-17　勾选所有选项的选择菜单效果

单击▨按钮或选项以外的区域可以将选项关闭，选择完毕的选择菜单效果如图9-18所示。

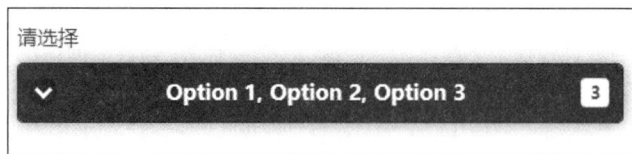

图9-18　选择完毕的选择菜单效果

已选择的选项为"Option 1""Option 2""Option 3"，右侧显示了已选择的选项数量为 3。

任务实现

根据任务需求，完成日程安排页面的开发，本任务的具体实现步骤如下。

① 创建 workList.html 文件，编写页面结构并引入 jquery-1.11.1.min.js 文件，以及 mobile-1.4.5 文件夹中的 jquery.mobile-1.4.5.min.css 和 jquery.mobile-1.4.5.min.js 文件，具体代码如下。

```
1  <!DOCTYPE html>
2  <html>
3  <head>
4    <meta charset="UTF-8">
```

```
5    <meta name="viewport" content="width=device-width, initial-scale=1.0">
6    <title>制作日程安排页面</title>
7    <link rel="stylesheet" href="mobile-1.4.5/jquery.mobile-1.4.5.min.css">
8    </head>
9    <body>
10   <div data-role="page">
11     <div data-role="header" data-theme="b">
12       <h1>日程安排</h1>
13     </div>
14     <div data-role="content">
15       <div id="schedule">
16         <h2>每日任务安排</h2>
17         <div class="form-row">
18           <label for="work_type" class="form-label">选择工作类型: </label>
19           <select id="work_type" data-theme="b">
20             <option value="">请选择</option>
21             <option value="work">工作</option>
22             <option value="study">学习</option>
23             <option value="rest">休息</option>
24           </select>
25         </div>
26         <div class="form-row">
27           <label for="task_list" class="form-label">请选择任务: </label>
28           <select id="task_list" data-theme="b">
29             <option value="">请选择工作类型</option>
30           </select>
31         </div>
32       </div>
33     </div>
34   </div>
35   <script src="jquery-1.11.1.min.js"></script>
36   <script src="mobile-1.4.5/jquery.mobile-1.4.5.min.js"></script>
37   </body>
38   </html>
```

在上述代码中，第 19～24 行代码定义了一个 id 属性值为 work_type 的下拉列表，其中包含默认的"请选择"选项，以及"工作""学习""休息"选项，每个选项都有一个对应的值；第 28～30 行代码定义了一个 id 属性值为 task_list 的下拉列表，其中包含默认的"请选择工作类型"选项。

② 在步骤①的第 36 行代码的下方编写逻辑代码，具体代码如下。

```
1  <script>
2    $('#work_type').on('change', function () {
3      var selectedValue = $(this).val();
4      var $taskList = $('#task_list');
5      if (selectedValue === 'work') {
6        $taskList.html(`
7          <option value="meeting">开会</option>
8          <option value="report">撰写报告</option>
9          <option value="email">处理邮件</option>
10         `);
11     } else if (selectedValue === 'study') {
12       $taskList.html(`
13         <option value="reading">阅读</option>
14         <option value="research">研究</option>
15         <option value="assignment">完成作业</option>
16         `);
17     } else if (selectedValue === 'rest') {
18       $taskList.html(`
19         <option value="relaxation">放松休息</option>
20         <option value="hobby">追求爱好</option>
21         <option value="entertainment">娱乐活动</option>
22         `);
23     } else {
24       $taskList.empty();
25     }
26     $taskList.selectmenu('refresh');
27   });
28 </script>
```

在上述示例代码中，第 2～27 行代码用于获取 id 属性值为 work_type 的元素，并调用 on()
方法注册 change 事件，该事件在元素的值发生改变且失去焦点时触发。

在事件处理函数中，第 3 行代码用于获取被选中的值，并将其存储在 selectedValue 变量
中；第 4 行代码用于获取 id 属性值为 task_list 的元素，并将其存储在$taskList 变量中；第 5～
25 行代码使用 if…else 语句判断选中的值是 work、study 还是 rest，并调用 html()方法。根据
选中的值，用不同的选项替换 id 属性值为 task_list 的元素的内容。如果未选择或选择了无效
选项，则清空任务列表。第 26 行代码调用 selectmenu('refresh')方法刷新选择菜单。

保存上述代码，在浏览器中打开 workList.html 文件，打开开发者工具，进入移动设备调
试模式，当选择工作类型为"工作"时，显示的任务列表如图 9-19 所示。

当选择工作类型为"学习"时，显示的任务列表如图 9-20 所示。

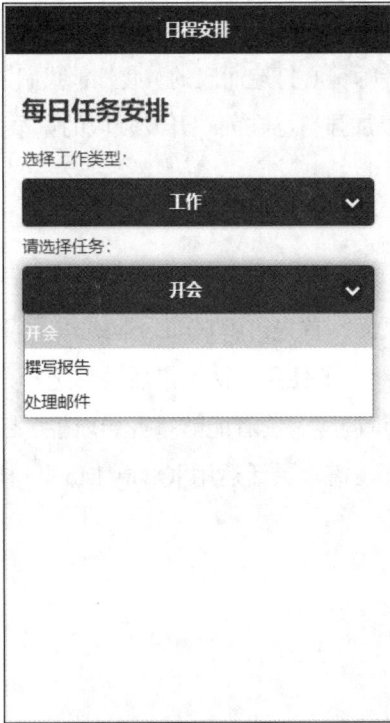

图9-19　选择工作类型为"工作"时显示的任务列表

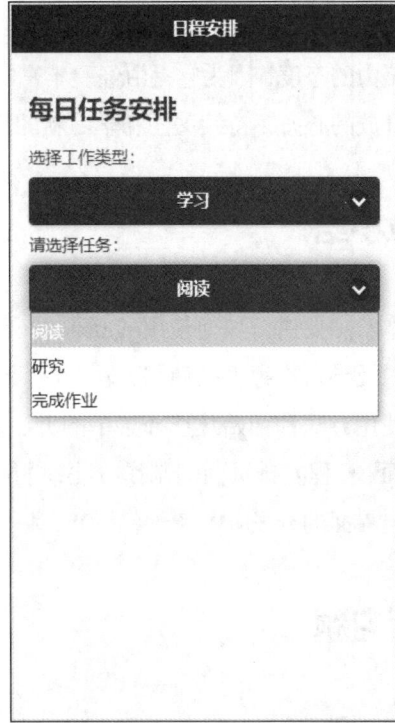

图9-20　选择工作类型为"学习"时显示的任务列表

当选择工作类型为"休息"时显示的任务列表如图 9-21 所示。

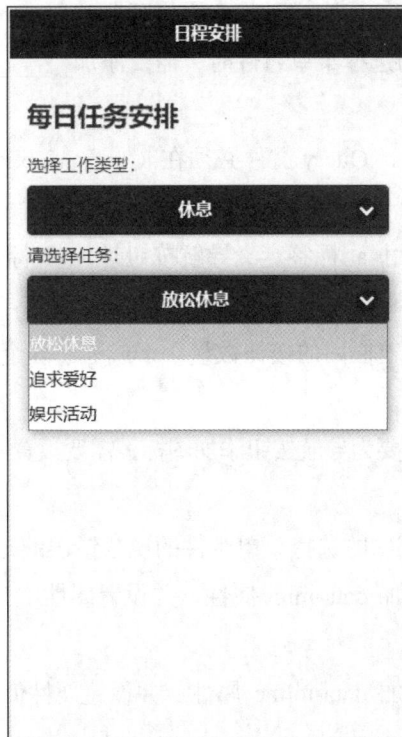

图9-21　选择工作类型为"休息"时显示的任务列表

以上讲解了 jQuery Mobile 的使用方法。在学习 jQuery Mobile 的过程中，我们应该保持谦逊和努力的态度，因为它是由经验丰富的开发者和设计师精心打造而成的。此外，我们还应该保持开放的心态，持续关注和学习新的用户界面库，以加强自己在前端开发领域的竞争力。

本章小结

本章主要讲解如何使用 jQuery Mobile 开发移动页面，首先讲解 jQuery Mobile 的下载和引入以及导航栏组件的使用方法，然后讲解列表视图组件的使用方法，最后讲解选择菜单组件的使用方法和初始化选择菜单的方法。通过学习本章内容，读者能够掌握导航栏、图书列表页面、日程安排页面的制作方法，并能够根据实际开发需求灵活运用 jQuery Mobile 技术进行用户界面的开发。

课后习题

一、填空题

1. 使用 jQuery Mobile 添加列表视图时，需要将容器的 data-role 属性值设置为_____。
2. 将导航栏的 data-position 属性值设置为_____，表示将其设置为固定工具栏。
3. 使用 jQuery Mobile 添加导航栏时，需要将容器的 data-role 属性值设置为_____。
4. 使用 jQuery Mobile 的选择菜单组件时，需要添加_____属性以调整图标的位置。

二、判断题

1. 使用 jQuery Mobile 时，jQuery 文件必须在 jQuery Mobile 文件之前引入，否则程序会出错。（　　）
2. jQuery Mobile 中，使用<a>标签定义导航按钮时，<a>标签会被自动转换为按钮样式。（　　）
3. jQuery Mobile 中，导航栏内的按钮数量小于或等于 6 个时，按钮会排列在同一行。（　　）
4. 在 jQuery Mobile 中，要为导航按钮添加图标，需要设置 data-icon 属性。（　　）

三、选择题

1. 下列关于 jQuery Mobile 的选择菜单组件的说法错误的是（　　）。
   A. 为<select>标签添加 data-mini 属性，并设置属性值为 true，可以使选择菜单显示为较小的尺寸
   B. 为<select>标签添加 data-inline 属性，并设置属性值为 false，可以使选择菜单显示为嵌入样式

  C.　为<select>标签添加 data-iconpos 属性，可以调整图标的位置

  D.　为<select>标签添加 multiple 属性，可以启用多选功能

2.　下列选项中，不属于 jQuery Mobile 导航栏组件的 data-iconpos 属性的取值是（ ）。

  A.　right   B.　top   C.　bottom   D.　no

3.　（多选）下列关于 jQuery Mobile 的列表视图组件的说法正确的是（ ）。

  A.　为列表视图容器添加 data-autodividers 属性，并设置属性值为 true，可以开启自动分类功能

  B.　为列表视图容器添加 data-inset 属性，并设置属性值为 true，以使列表视图显示为内嵌样式

  C.　为列表视图容器添加 data-filter，并设置属性值为 true，用于在列表视图的顶部添加搜索框

  D.　为列表视图容器添加 data-filter-placeholder 属性，并设置属性值为"请输入搜索内容"，可以将搜索框中的默认字符改为"请输入搜索内容"

4.　下列选项中，使用 jQuery Mobile 的选择菜单组件不能创建的选择菜单的类型是（ ）。

  A.　单选菜单   B.　多选菜单   C.　单选分组菜单 D.　多选分组菜单

四、简答题

请简述导航栏的按钮宽度如何分配。

五、操作题

利用 jQuery Mobile 制作一个"设置"页面列表，如图 9-22 所示。

图9-22　"设置"页面列表

第 10 章

项目实战——在线商城

知识目标	● 熟悉项目分析，能够归纳项目包含的页面 ● 熟悉项目初始化，能够归纳实施初始项目的具体步骤
技能目标	● 掌握焦点图切换功能的实现方法，能够独立完成代码的编写 ● 掌握放大镜功能的实现方法，能够独立完成代码的编写 ● 掌握购物车功能的实现方法，能够独立完成代码的编写

通过之前的学习，相信读者已经能够熟练使用 jQuery。为了帮助读者更深入地理解与应用 jQuery，本章将带领读者综合运用所学知识开发"在线商城"项目。

任务 10.1 项目开发准备

项目分析

随着社会和科技的不断进步，人们的生活方式在不断变化。如今，网络购物已经成为主流消费方式。网络购物对消费者来说有许多优势，例如，能够节约购物时间、降低购物成本，能够买到丰富多样的商品。对商家而言，通过网络销售商品可以不受场地限制、降低经营成本。

"在线商城"项目旨在为商家提供一个在线平台来展示和销售商品，同时为消费者提供详细的商品信息，从而创造便捷的购物体验。

本项目的开发环境具体如下。

① 操作系统：Windows 10 或更高版本。

② 浏览器：Chrome 浏览器。

③ 编辑器：Visual Studio Code 编辑器。

本项目主要包括首页、商品详情页、购物车页，下面对这些页面分别进行介绍。

1. 首页

首页是"在线购物"网站的入口页面。由于首页比较长，这里分为上面部分、中间部分和下面部分进行介绍。

首页上面部分的页面效果如图 10-1 所示。

图10-1　首页上面部分的页面效果

首页中间部分的页面效果如图 10-2 所示。

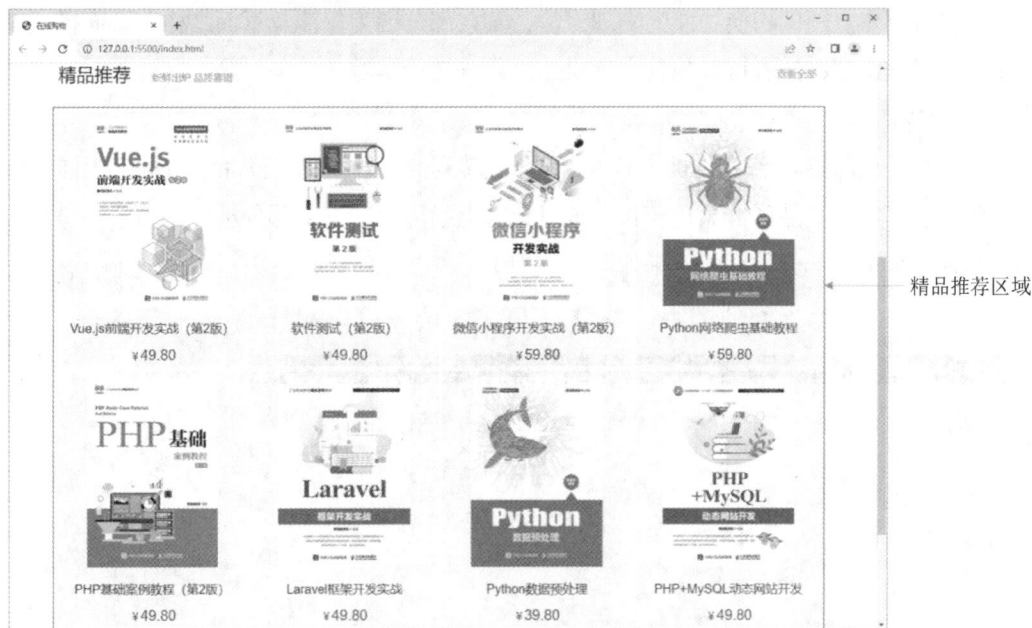

图10-2　首页中间部分的页面效果

首页下面部分的页面效果如图 10-3 所示。

图10-3　首页下面部分的页面效果

首页分为 6 个区域，下面对各个区域进行简要介绍。

① 快捷导航栏区域：用于提供快捷导航超链接，方便用户迅速访问常用功能，包含"请先登录""免费注册""我的订单""会员中心""帮助中心""在线客服"等导航超链接。

② 顶部导航栏区域：包含 Logo 图像、"首页"等导航超链接、搜索框、购物车图标。单击购物车图标⬆可以跳转到购物车页。

③ 侧边导航栏区域：用于展示侧边导航栏。

④ 焦点图区域：用于展示焦点图。

⑤ 精品推荐区域：用于展示精选的商品的图像、名称和价格。单击某个商品，会跳转到对应的商品详情页。

⑥ 底部区域：用于展示网站的特点，例如价格亲民、物流快捷、质量保证，还提供了"关于我们""帮助中心""售后服务"等导航超链接。

本章仅讲解焦点图的切换功能的实现方法，其余部分因为仅涉及页面结构和页面样式，所以不进行详细讲解，读者可以找到本项目的源代码进行学习。

2. 商品详情页

单击首页中精品推荐区域中的某个商品，会跳转到商品详情页。商品详情页用于展示商品的详细信息。由于商品详情页比较长，这里分为上半部分和下半部分进行介绍。

商品详情页上半部分的页面效果如图 10-4 所示。

图10-4　商品详情页上半部分的页面效果

在商品详情页中使用放大镜功能的页面效果如图 10-5 所示。

图10-5　在商品详情页中使用放大镜功能的页面效果

商品详情页的下半部分的页面效果如图 10-6 所示。

图10-6　商品详情页的下半部分的页面效果

商品详情页主要包含 3 个区域，下面对各个区域进行简要介绍。

① 商品信息区域：用于展示商品信息，包括商品的图像、名称、价格等。同时，提供放大镜功能，用于对商品图像进行放大操作。其中，放大镜遮罩层用于展示要放大的图像区域，小图为原图像，大图为放大后的图像。

② 商品详细信息区域：用于展示商品的详细信息。

③ 热销榜区域：用于展示最近热销商品的图像和名称。

本章仅讲解放大镜功能的实现方法，其余部分因为仅涉及页面结构和页面样式，所以不进行详细讲解，读者可以找到本项目的源代码进行学习。

3. 购物车页

购物车页的页面效果如图 10-7 所示。

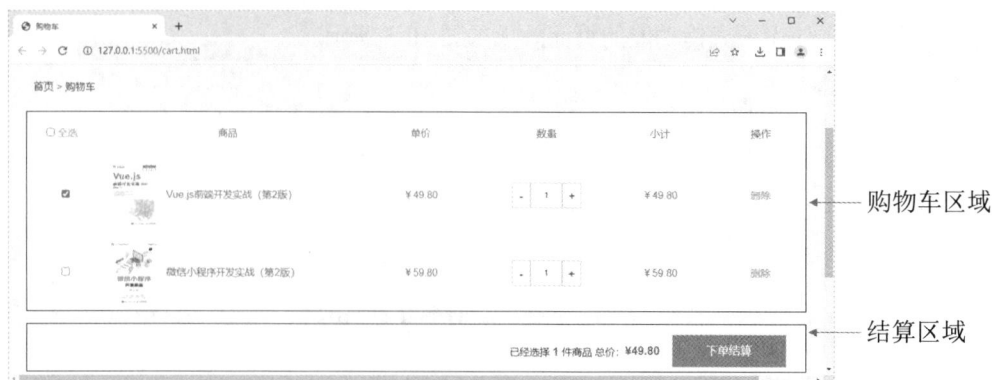

图10-7　购物车页的页面效果

购物车页主要包含两个区域，下面对各个区域进行简要介绍。

● 　购物车区域：用于展示购物车中商品的信息。在购物车区域中可以进行全选购物车中的商品、增减商品数量、删除商品等操作。

● 　结算区域：用于计算购物车中被选中的商品的总件数和总额。

说明：

本书的配套资源中有完整的项目源代码，项目名称为 shop，读者可以先运行项目，查看项目的运行效果。

项目初始化

本书提供了"在线商城"项目的初始代码，读者可以将代码导入创建的项目中，在此基础上开发项目功能。

下面讲解如何初始化项目，具体步骤如下。

① 从本书配套资源中找到本章项目的初始代码，将文件解压，保存在指定目录下，如 D:\jQuery\chapter10\shop，并将该目录作为项目目录。

② 使用 VS Code 编辑器打开项目目录，项目目录结构如图 10-8 所示。

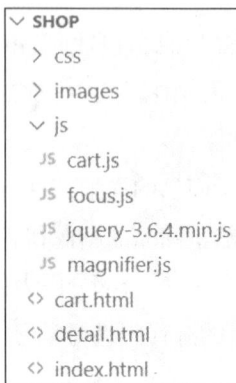

图10-8　项目目录结构

项目目录中的文件夹和文件如表 10-1 所示。

表 10-1　项目目录中的文件夹和文件

类型	名称	说明
文件夹及其中的文件	css	用于保存 css 文件
	images	用于保存图像文件
	js\cart.js	用于实现购物车功能
	js\focus.js	用于实现焦点图的切换功能
	js\jquery-3.6.4.min.js	jQuery 库
	js\magnifier.js	用于实现放大镜功能
文件	cart.html	购物车页
	detail.html	商品详情页
	index.html	首页

在浏览器中打开 index.html 文件，初始页面效果参考图 10-1。至此，项目初始化完成。

说明：

本书的配套资源中有该项目的初始代码，其中包括"在线商城"的页面结构和部分 CSS
样式。

任务 10.2　焦点图切换

任务需求

在网站设计中，焦点图切换功能使多张图像在限定的空间范围内展示，从而高效地将商
品或活动等的信息传递给用户。这种设计方式不仅能有效吸引用户的注意，还能激发他们的
探索欲望，引导他们进行更深入的互动，从而提升网站的整体效果和用户参与度。

焦点图切换功能的具体要求为单击图 10-1 焦点图区域中的左箭头 ◀ 和右箭头 ▶，可以
进行图像的切换。

任务实现

根据任务需求实现焦点图切换功能，具体实现步骤如下。

① 打开 index.html 文件，从该文件中找到焦点图区域的代码，具体代码如下。

```
1  <div class="banner">
2    <div class="wrapper">
3      <!-- 侧边导航栏 -->
4      <div class="aside">
```

```
5          ……（请参考本项目的配套源代码）
6      </div>
7      <!-- 焦点图-->
8      <div id="imageContainer">
9        <img src="images/banner/banner_1.png">
10     </div>
11     <!-- 箭头 -->
12     <a href="#" class="prev"></a>
13     <a href="#" class="next"></a>
14   </div>
15 </div>
```

② 打开 js\focus.js 文件，在该文件中编写逻辑代码，实现焦点图的切换，具体代码如下。

```
1  var images = [
2    './images/banner/banner_1.png',
3    './images/banner/banner_2.jpg',
4    './images/banner/banner_3.jpg',
5  ];
6  var currentIndex = 0;
7  $('.prev').on('click', function () {
8    currentIndex = (currentIndex - 1 + images.length) % images.length;
9    var imagePath = images[currentIndex];
10   $('#imageContainer img').attr('src', imagePath);
11 });
12 $('.next').on('click', function () {
13   currentIndex = (currentIndex + 1) % images.length;
14   var imagePath = images[currentIndex];
15   $('#imageContainer img').attr('src', imagePath);
16 });
```

在上述代码中，第 1～5 行代码用于定义焦点图列表。第 6 行代码定义了一个变量 currentIndex，用于存储当前显示的焦点图索引，默认值为 0。

第 7～11 行代码用于为左箭头注册 click 事件，当单击左箭头时，执行第 8～10 行代码。第 8 行代码根据当前显示的焦点图索引和焦点图总数，计算出上一个焦点图的索引，并赋值给 currentIndex，这里使用了取模运算以确保索引在合法范围内；第 9 行代码用于获取 currentIndex 对应的焦点图路径，并将其存储在 imagePath 变量中；第 10 行代码调用 attr() 方法，使用获取到的焦点图路径更新当前显示的焦点图路径，实现焦点图的切换效果。

第 12～16 行代码用于实现单击右箭头时切换到下一个焦点图的功能。

保存上述代码，在浏览器中刷新 index.html 页面。读者可以单击箭头进行焦点图的切换。

任务 10.3　放大镜

任务需求

在网页设计中，放大镜功能可以为用户提供更好的视觉体验，同时增强产品或内容的展示效果。此外，它还可以增加页面的互动性，使用户能够更深入地探索和了解网页内容。这些好处都有助于提高用户满意度，从而促进业务增长。

放大镜功能的开发需求如下。

● 当鼠标指针在小图中移动时，放大镜遮罩层和大图内容跟随鼠标指针进行移动。

● 单击图像列表中的图像时，切换到对应图像。

任务实现

根据任务需求完成放大镜功能的开发，具体实现步骤如下。

① 打开 detail.html 文件，从该文件中找到放大镜区域的代码，具体代码如下。

```
1  <!-- 放大镜区域 -->
2  <div class="preview" id="preview">
3    <!-- 小图 -->
4    <div class="small-img" style="position: relative">
5      <!--放大镜遮罩层 -->
6      <div class="focus"></div>
7      <img src="images/detail/vue1.png">
8    </div>
9    <!-- 大图 -->
10   <div class="big-img">
11     <img src="images/detail/vue1_big.jpg">
12   </div>
13   <!-- 图像列表 -->
14   <div id="spec-list">
15     <ul>
16       <li class="photo1">
17         <img src="images/detail/vue1_small.png" width="150">
18       </li>
19       <li class="photo2">
20         <img src="images/detail/vue2_small.png" width="150">
21       </li>
22     </ul>
23   </div>
24 </div>
```

② 打开 js\magnifier.js 文件，在该文件中编写逻辑代码，当鼠标指针移入小图时显示放

大镜遮罩层和大图，当鼠标指针移出小图时隐藏放大镜遮罩层和大图，具体代码如下。

```
1  $('.small-img').on('mouseover', function () {
2    toggle('show');
3  });
4  $('.small-img').on('mouseout', function () {
5    toggle('hide');
6  });
7  function toggle(type) {
8    switch (type) {
9      case 'show':
10       $('.big-img').show();
11       $('.focus').show();
12       break;
13     case 'hide':
14       $('.big-img').hide();
15       $('.focus').hide();
16       break;
17   }
18 }
```

在上述代码中，第 1～3 行代码用于为.small-img 类元素注册 mouseover 事件。当鼠标指针移入该元素时，执行 toggle()函数，传递参数 show。

第 4～6 行代码用于为.small-img 类元素注册 mouseout 事件。当鼠标指针移出该元素时，执行 toggle()函数，传递参数 hide。

第 7～18 行代码定义了 toggle()函数，使放大镜遮罩层和大图在显示和隐藏状态之间切换。其中，第 8～17 行代码通过 switch 语句对 type（切换类型）进行判断，type 值为 show 或 hide。如果切换类型为 show，执行第 10～12 行代码，显示.big-img 类元素和.focus 类元素。如果切换类型为 hide，执行第 14～16 行代码，隐藏.big-img 类元素和.focus 类元素。

③ 在步骤②的第 18 行代码的下方编写逻辑代码，实现鼠标指针在小图中移动时，焦点图跟随鼠标指针进行移动的效果，具体代码如下。

```
1  $('.small-img').on('mousemove', function (e) {
2    focusMove(e.clientX, e.clientY);
3  });
4  var preview_offset = $('.preview').offset();
5  var focus_size = {
6    width: $('.focus').width(),
7    height: $('.focus').height(),
8  };
9  function focusMove(x, y) {
10   var _left = x - focus_size.width / 2 - preview_offset.left;
11   var _top = y - focus_size.height / 2 - preview_offset.top;
```

```
12    _left = _left < 0 ? 0 : _left;
13    _left = _left > 200 ? 200 : _left;
14    _top = _top < 0 ? 0 : _top;
15    _top = _top > 200 ? 200 : _top;
16    $('.focus').css({
17      left: _left,
18      top: _top,
19    });
20  };
```

在上述代码中，第 1～3 行代码用于为.small-img 类元素注册 mousemove 事件。当鼠标指针在该元素中移动时，执行 focusMove ()方法，并传递鼠标指针在当前视口中的 x 轴、y 轴坐标作为参数。第 4 行代码调用 offset()方法获取.preview 类元素的偏移距离。第 5～8 行代码定义了一个名为 focus_size 的对象，其中包含.focus 类元素的宽度和高度。

第 9～20 行代码定义了一个 focusMove()方法，用于实现放大镜遮罩层跟随鼠标指针移动的效果。其中，第 10 行代码用鼠标指针在当前视口中的 x 轴坐标减去放大镜遮罩层宽度的一半和容器距离左侧的偏移距离，得到放大镜遮罩层距离左侧的距离；第 11 行代码用鼠标指针在当前视口中的 y 轴坐标减去放大镜遮罩层高度的一半和容器距离顶部的偏移距离，得到放大镜遮罩层距离顶部的距离。

第 12～15 行代码对得到的放大镜遮罩层距离进行范围限制。如果放大镜遮罩层距离左侧的距离小于 0，将其设置为 0；如果距离大于 200，将其设置为 200。同样地，对放大镜遮罩层距离顶部的距离也进行了范围限制。

第 16～19 行代码调用 css()方法设置.focus 类元素的 left 和 top 样式属性，将计算得出的放大镜遮罩层距离应用到元素上，从而实现放大镜遮罩层跟随鼠标指针移动的效果。

④ 修改 focusMove()方法，在放大镜遮罩层跟随鼠标指针进行移动时计算移动的比例，具体代码如下。

```
1  var prop_left;
2  var prop_top;
3  function focusMove(x, y) {
4    ......
5    prop_left = _left / 200;
6    prop_top = _top / 200;
7  };
```

⑤ 在步骤④的第 7 行代码的下方编写代码，实现鼠标指针移动时大图跟随鼠标指针移动的效果，具体代码如下。

```
1  function bigImgMove() {
2    $('.big-img img').css({
3      left: -prop_left * 400,
4      top: -prop_top * 400,
```

```
5    });
6  }
```

上述代码定义了一个 bigImgMove()方法，根据 prop_left 和 prop_top 的值，将.big-img 类元素中的图像移动到相应的位置，实现大图跟随鼠标指针移动的效果。

⑥ 修改 mousemove 事件，实现鼠标指针在小图中移动时大图跟随鼠标指针移动的效果，具体代码如下。

```
1  $('.small-img').on('mousemove', function (e) {
2    ......
3    bigImgMove();
4  });
```

⑦ 在步骤⑤的第 6 行代码的下方编写代码，实现图像列表中图像的切换，具体代码如下。

```
1  $('.photo1').on('click', function () {
2    $('.small-img img').attr('src', './images/detail/vue1.png');
3    $('.big-img img').attr('src', './images/detail/vue1_big.jpg');
4  });
5  $('.photo2').on('click', function () {
6    $('.small-img img').attr('src', './images/detail/vue2.png');
7    $('.big-img img').attr('src', './images/detail/vue2_big.jpg');
8  });
```

在上述代码中，第 1~4 行代码用于为.photo1 类元素注册 click 事件，当单击该元素时，执行第 2、3 行代码。其中，第 2 行代码将.small-img 类元素下的图像的 src 属性设置为./images/detail/vue1.png。第 3 行代码将.big-img 类元素下的图像的 src 属性设置为./images/detail/vue1_big.jpg。

第 5~8 行代码用于为.photo2 类元素注册 click 事件，当单击该元素时，执行第 6、7 行代码。第 6、7 行代码的作用与第 2、3 行代码类似。

保存上述代码，在浏览器中刷新 index.html 页面。读者可以在商品详情页中查看放大镜效果。

任务 10.4　购物车

任务需求

购物车是在线商城的一个重要功能。在线购物时，在线商城允许用户将心仪的商品添加到购物车中，然后继续浏览网站，最终根据经济情况和需求，确定要购买的商品。有了购物车功能，用户无须马上下订单，可以先收集所有可能的选择，以便更好地进行决策和管理购物流程。

购物车功能的开发需求如下。

① 设计一个购物车表格，包含商品、单价、数量、小计、操作列。

② 在购物车表格中，设计一个"全选"复选框，并给每一件商品提供一个复选框。当选中"全选"复选框时，选中所有商品的复选框；当取消选中"全选"复选框时，所有商品的复选框均不选中。每次选中或取消选中商品复选框时进行判断，如果商品复选框全部被选中，则选中"全选"复选框，否则不选中"全选"复选框。

③ 在购物车表格的数量列中，通过文本框显示每件商品的购买数量，并提供"+"和"−"两个按钮，用于增减商品数量，即让文本框中的数字加 1 或者减 1。

④ 在购物车表格的小计列中，由于初始商品数量为 1，所以小计为 1 件商品的价格。当单击"+"或"−"按钮时，将当前商品数量和单价相乘，并用其替换当前商品的小计中显示的值。当手动修改商品数量时，商品小计中的值也需更新。

⑤ 购物车表格的右下方显示用户选中的商品的总件数和总额。将所有选中的商品的数量相加，得到总件数；将所有选中的商品的小计相加，得到总额。当更新复选框的状态时，更新总件数和总额。当用户更改了商品数量时，更新总件数和总额。

⑥ 在操作列中提供"删除"超链接，单击该超链接即可删除对应商品。

任务实现

根据任务需求实现购物车功能，具体实现步骤如下。

① 打开 cart.html 文件，找到购物车区域的注释，在该注释下方编写购物车区域及结算区域的页面结构，具体代码如下。

```
1   <!-- 购物车区域 -->
2   <div class="cart">
3     <table>
4       <thead>
5         <tr>
6           <th width="120">
7             <input type="checkbox" id="checkAll"> 全选
8           </th>
9           <th width="400">商品</th>
10          <th width="220">单价</th>
11          <th width="180">数量</th>
12          <th width="180">小计</th>
13          <th width="140">操作</th>
14        </tr>
15      </thead>
16      <tbody>
17        <tr class="cart-item">
```

```
18              <td> <input type="checkbox" checked class="goodChecked"> </td>
19              <td>
20                <div class="goods">
21                  <img src="images/goods/FlowerCake.png">
22                  <div>
23                     <p class="name ellipsis">鲜花饼</p>
24                  </div>
25                </div>
26              </td>
27              <td class="tc p-price">¥30.00</td>
28              <td class="tc p-num">
29                <div class="wrap-input">
30                  <a class="btn-reduce">-</a>
31                  <input class="text quantity-text buy-num" value="1">
32                  <a class="btn-add">+</a>
33                </div>
34              </td>
35              <td class="tc p-sum">¥30.00</td>
36              <td class="tc p-action"> <a class="green">删除</a> </td>
37            </tr>
38            <tr class="cart-item">
39            ……（请参考本项目的配套源代码）
40            </tr>
41          </tbody>
42        </table>
43      </div>
44   <!-- 结算区域 -->
45   <div class="action">
46     <div class="amount-sum">已经选择 <em class="red">1</em> 件商品</div>
47     <div class="price-sum">  总价: <em class="red">¥30.0</em></div>
48     <span class="settlement">下单结算</span>
49   </div>
```

② 打开 js\cart.js 文件，在该文件中编写逻辑代码，当选中"全选"复选框时所有商品的复选框都选中，当取消选中"全选"复选框时所有商品的复选框均不选中，具体代码如下。

```
1   $('#checkAll').on('change', function () {
2     $('.goodChecked, #checkAll').prop('checked', $(this).prop('checked'));
3   });
```

上述代码用于获取 id 属性值为 checkAll 的元素并注册 change 事件。在事件处理函数中，第 2 行代码用于获取.goodChecked 类元素和 id 属性值为 checkAll 的元素，然后设置元素的属性和属性值，第 1 个参数为要设置的属性名、第 2 个参数为属性值，通过$(this).prop('checked')获取"全选"复选框的状态。

③ 在步骤②的第 3 行代码的下方编写逻辑代码，每次选中或取消选中商品复选框时进行判断，如果商品复选框全部被选中则选中"全选"复选框，否则不选中"全选"复选框，具体代码如下。

```
1  $('.goodChecked').on('change', function () {
2    if ($('.goodChecked:checked').length === $('.goodChecked').length) {
3      $('#checkAll').prop('checked', true);
4    } else {
5      $('#checkAll').prop('checked', false);
6    }
7  });
```

上述代码用于获取.goodChecked 类元素并注册 change 事件。在事件处理函数中，使用 if 语句判断当前选中的复选框的数量与所有商品的复选框的数量是否相等。如果相等则执行第 3 行代码，选中"全选"复选框；否则执行第 5 行代码，取消选中"全选"复选框。

④ 在步骤③的第 7 行代码的下方编写逻辑代码，当单击数量列中的"+"按钮时，文本框中的数字加 1，具体代码如下。

```
1  $('.btn-add').on('click', function () {
2    var n = $(this).siblings('.buy-num').val();
3    n++;
4    $(this).siblings('.buy-num').val(n);
5  });
```

上述代码用于获取.btn-add 类的元素并注册 click 事件。在事件处理函数中，第 2 行代码用于获取文本框中的值，并将其存储在变量 n 中；第 3 行代码将文本框中的值加 1；第 4 行代码设置文本框中的值为加 1 后的值。

⑤ 在步骤④的第 5 行代码的下方编写逻辑代码，当单击数量列中的"-"按钮时，文本框中的数字减 1，具体代码如下。

```
1  $('.btn-reduce').on('click', function () {
2    var n = $(this).siblings('.buy-num').val();
3    if (n == 1) {
4      return false;
5    }
6    n--;
7    $(this).siblings('.buy-num').val(n);
8  });
```

上述代码用于获取.btn-reduce 类元素并注册 click 事件。在事件处理函数中，第 2 行代码用于获取文本框中的值，并将其存储在变量 n 中；第 3~5 行代码进行 if 判断，如果商品数量为 1 则不执行操作，否则执行第 6、7 行代码。第 6 行代码将文本框中的值减 1，第 7 行代码设置文本框中的值为减 1 后的值。

⑥ 修改"+"按钮的 click 事件，计算小计的值，具体代码如下。

```
1  $('.btn-add').on('click', function () {
2    原有代码……
3    var p = $(this).parents('.p-num').siblings('.p-price').html();
4    p = p.substr(1);
5    var price = (p * n).toFixed(2);
6    $(this).parents('.p-num').siblings('.p-sum').html('¥' + price);
7  });
```

在上述代码中，第 3～6 行代码用于计算小计的值。其中，第 3 行代码用于获取当前商品的单价；第 4 行代码通过 substr()方法去掉价格中的￥符号；第 5 行代码将计算结果保留两位小数，并将结果存储在变量 price 中；第 6 行代码设置小计的值为计算结果。

⑦ 修改 "–" 按钮的 click 事件，计算小计的值，具体代码如下。

```
1  $('.btn-reduce').on('click', function () {
2    原有代码……
3    var p = $(this).parents('.p-num').siblings('.p-price').html();
4    p = p.substr(1);
5    var price = (p * n).toFixed(2);
6    $(this).parents('.p-num').siblings('.p-sum').html('¥' + price);
7  });
```

在上述代码中，第 3～6 行代码的作用与步骤⑥中的第 3～6 行代码类似。

⑧ 在步骤⑤的第 8 行代码的下方编写逻辑代码，当手动修改商品数量时更新小计的值，具体代码如下。

```
1  $('.buy-num').on('change', function () {
2    var n = $(this).val();
3    var p = $(this).parents('.p-num').siblings('.p-price').html();
4    p = p.substr(1);
5    var price = (p * n).toFixed(2);
6    $(this).parents('.p-num').siblings('.p-sum').html('¥' + price);
7  });
```

上述代码用于获取.buy-num 类元素并注册 change 事件。在事件处理函数中，第 2 行代码用于获取当前商品的数量。第 3～6 行代码的作用与步骤⑥中的第 3～6 行代码类似。

⑨ 在步骤⑧的第 7 行代码的下方编写 getSum()方法，用于计算总件数和总额，具体代码如下。

```
1  function getSum() {
2    // 计算总件数
3    var count = 0;
4    var item = $('.goodChecked:checked').parents('.cart-item');
5    item.find('.buy-num').each(function (i, ele) {
6      count += parseInt($(ele).val());
7    });
8    $('.amount-sum em').text(count);
```

```
9      // 计算总额
10     var money = 0;
11     item.find('.p-sum').each(function (i, ele) {
12       money += parseFloat($(ele).text().substr(1));
13     });
14     $('.price-sum em').text('¥' + money.toFixed(2));
15   }
16   getSum();
```

在上述代码中，第 4 行代码用于获取购物车中已选中的商品；第 5～7 行代码用于遍历所有商品数量文本框，获得总件数；第 11～13 行代码用于遍历所有商品的小计，计算总额；第 8、14 行代码将 count 和 money 显示在页面中；第 16 行代码调用 getSum()方法，实现在页面打开时进行商品总件数和总额的计算。

⑩ 为了自动更新总件数和总额，下面在各个事件的代码中调用 getSum()方法，具体代码如下。

```
1    $('#checkAll').on('change', function () {
2      原有代码……
3      getSum();
4    });
5    $('.goodChecked').on('change', function () {
6      原有代码……
7      getSum();
8    });
9    $('.btn-add').on('click', function () {
10     原有代码……
11     getSum();
12   });
13   $('.btn-reduce').on('click', function () {
14     原有代码……
15     getSum();
16   });
17   $('.buy-num').on('change', function () {
18     原有代码……
19     getSum();
20   });
```

⑪ 在步骤⑨的第 16 行代码的下方编写逻辑代码，单击操作列中的"删除"超链接时删除对应商品，具体代码如下。

```
1    $('.p-action a').on('click', function () {
2      $(this).parents('.cart-item').remove();
3      getSum();
4    });
```

上述代码用于获取.p-action 类元素中的子元素 a 元素并注册 click 事件。在事件处理函数中，调用 remove()方法删除清空元素内容。

保存上述代码，在浏览器中刷新 index.html 页面。读者可以在购物车页面中测试购物车的功能。

本章小结

本章详细讲解"在线商城"中焦点图切换、放大镜、购物车功能的开发。通过对本章的学习，读者能够完成"在线商城"的部分功能的开发，并能够根据实际需要调整项目中的功能。